2年

実力アップ 計算 れんしゅうノート

特別ふろく

計算力がぐんぐんのびる！

このふろくは
すべての教科書に対応した
全教科書版です。

年	組	名前

「計算れんしゅうノート」はとりはずして使用できます。

1 たし算 (1)

ひっ算で しましょう。

1つ6〔90点〕

① 35＋24　　② 23＋42　　③ 52＋16

④ 27＋31　　⑤ 44＋55　　⑥ 36＋12

⑦ 58＋40　　⑧ 30＋65　　⑨ 32＋7

⑩ 8＋41　　⑪ 50＋30　　⑫ 67＋22

⑬ 6＋53　　⑭ 50＋3　　⑮ 8＋40

れなさんは、25円の あめと 43円の ガムを 買います。
あわせて いくらですか。

1つ5〔10点〕

しき

答え (　　　　　　　)

2 たし算 (2)

🐳 ひっ算で しましょう。

1つ6〔90点〕

① 45＋38

② 18＋39

③ 57＋36

④ 37＋59

⑤ 25＋18

⑥ 67＋25

⑦ 7＋39

⑧ 5＋75

⑨ 3＋47

⑩ 9＋66

⑪ 13＋39

⑫ 48＋17

⑬ 63＋27

⑭ 8＋54

⑮ 34＋6

⭐ 山中小学校の　2年生は、2クラス　あります。1組が　24人、2組が　27人です。2年生は、みんなで　何人ですか。

1つ5〔10点〕

しき

答え（　　　　　　　）

3 たし算 (3)

🐟 ひっ算で しましょう。

1つ6〔90点〕

① 26＋48

② 19＋32

③ 37＋14

④ 46＋38

⑤ 37＋57

⑥ 25＋39

⑦ 8＋65

⑧ 24＋36

⑨ 48＋6

⑩ 8＋62

⑪ 28＋19

⑫ 33＋48

⑬ 6＋67

⑭ 36＋27

⑮ 59＋39

 カードが 37まい あります。友だちから 6まい もらいました。ぜんぶで 何まいに なりましたか。

1つ5〔10点〕

しき

答え （　　　　　）

4

4 ひき算(1)

時間 **20**分

とく点

/100点

🐳 ひっ算で しましょう。

1つ6〔90点〕

① 65−13

② 76−24

③ 59−36

④ 88−42

⑤ 47−31

⑥ 38−12

⑦ 67−40

⑧ 96−86

⑨ 60−40

⑩ 50−20

⑪ 78−73

⑫ 93−90

⑬ 67−4

⑭ 86−3

⑮ 45−5

⭐ ゆうとさんは、カードを 39まい もって います。弟に 15まい あげました。カードは 何まい のこって いますか。

しき

1つ5〔10点〕

答え (　　　　　　　)

5 ひき算 (2)

🐟 ひっ算で しましょう。

1つ6〔90点〕

① 63−45　　② 54−19　　③ 75−38

④ 42−29　　⑤ 86−28　　⑥ 97−59

⑦ 43−17　　⑧ 80−47　　⑨ 60−36

⑩ 41−36　　⑪ 70−68　　⑫ 61−8

⑬ 56−9　　⑭ 90−3　　⑮ 70−4

🐧 りほさんは、88ページの 本を 読んで います。今日までに、49ページ 読みました。のこりは 何ページですか。

1つ5〔10点〕

しき

答え（　　　　　）

6 ひき算 (3)

🐳 ひっ算で しましょう。

1つ6〔90点〕

① 72−28

② 55−26

③ 81−45

④ 94−29

⑤ 66−18

⑥ 50−28

⑦ 90−51

⑧ 43−35

⑨ 55−49

⑩ 60−59

⑪ 34−9

⑫ 52−7

⑬ 40−4

⑭ 70−8

⑮ 60−7

⭐ はがきが 50まい ありました。32まい つかいました。
のこりは 何まいに なりましたか。

1つ5〔10点〕

しき

答え (　　　　　　　)

7 大きい 数の 計算 (1)

🐠 計算を しましょう。

1つ6〔90点〕

① 50+80

② 30+90

③ 70+80

④ 90+20

⑤ 60+60

⑥ 80+60

⑦ 70+70

⑧ 120-40

⑨ 110-80

⑩ 140-60

⑪ 160-80

⑫ 130-70

⑬ 180-90

⑭ 150-70

⑮ 170-80

🐧 青い 色紙が 80まい、赤い 色紙が 40まい あります。
あわせて 何まい ありますか。

1つ5〔10点〕

しき

答え (　　　　　　　)

8 大きい　数の　計算 (2)

🐳 計算を　しましょう。

1つ6〔90点〕

① 300＋500

② 600＋300

③ 200＋400

④ 600－400

⑤ 800－200

⑥ 700－500

⑦ 400＋30

⑧ 500＋60

⑨ 900＋20

⑩ 700＋3

⑪ 260－60

⑫ 420－20

⑬ 630－30

⑭ 403－3

⑮ 706－6

⭐ 400円の　色えんぴつと、60円の　けしゴムを　買います。
あわせて　いくらですか。

1つ5〔10点〕

しき

答え（　　　　　　　）

9 水の かさ

□に あてはまる 数を 書きましょう。　1つ5〔40点〕

① 1 L = □ dL

② 1 L = □ mL

③ 1 dL = □ mL

④ 8 L = □ dL

⑤ 300 mL = □ dL

⑥ 5 dL = □ mL

⑦ 21 dL = □ L 1 dL

⑧ 70 dL = □ L

計算を しましょう。　1つ10〔60点〕

⑨ 3 L 4 dL + 2 L

⑩ 1 L 3 dL + 5 dL

⑪ 2 L 9 dL − 6 dL

⑫ 6 L 4 dL − 6 L

⑬ 1 L 8 dL + 5 dL

⑭ 2 L 2 dL − 7 dL

10 計算の　くふう

🐚 くふうして　計算しましょう。

1つ6〔90点〕

① 7＋11＋9　　② 8＋21＋9　　③ 23＋15＋7

④ 37＋16＋4　　⑤ 7＋48＋13　　⑥ 4＋49＋6

⑦ 26＋45＋4　　⑧ 15＋47＋5　　⑨ 21＋16＋19

⑩ 15＋38＋15　　⑪ 29＋12＋28　　⑫ 48＋25＋5

⑬ 15＋36＋25　　⑭ 27＋48＋13　　⑮ 12＋27＋18

⭐ 赤い　リボンが　14本、青い　リボンが　28本　あります。
お姉さんから　リボンを　16本　もらいました。リボンは
あわせて　何本に　なりましたか。

1つ5〔10点〕

しき

答え（　　　　　　　）

11 3けたの たし算 (1)

時間 20 分

とく点 /100点

ひっ算で しましょう。

1つ6〔90点〕

① 74+63　　② 36+92　　③ 70+88

④ 56+61　　⑤ 87+64　　⑥ 48+95

⑦ 63+88　　⑧ 55+66　　⑨ 73+58

⑩ 97+36　　⑪ 49+75　　⑫ 67+49

⑬ 86+48　　⑭ 58+66　　⑮ 35+87

玉入れを しました。赤組が 67こ、白組が 72こ 入れました。あわせて 何こ 入れましたか。

1つ5〔10点〕

しき

答え (　　　　　　　)

12 3けたの たし算⑵

時間 20分

とく点

/100点

🐋 ひっ算で しましょう。

① 43＋77　　② 92＋98　　③ 87＋33

④ 58＋62　　⑤ 36＋65　　⑥ 56＋48

⑦ 65＋39　　⑧ 47＋58　　⑨ 13＋87

⑩ 16＋84　　⑪ 75＋25　　⑫ 97＋8

⑬ 6＋98　　⑭ 96＋4　　⑮ 2＋98

⭐ りくとさんは、65円の けしゴムと 38円の えんぴつを 買います。あわせて いくらですか。

しき

答え（　　　　　）

13 3けたの たし算(3)

🐟 ひっ算で しましょう。

1つ6〔90点〕

① 324＋35

② 413＋62

③ 54＋213

④ 530＋47

⑤ 26＋342

⑥ 47＋151

⑦ 436＋29

⑧ 513＋68

⑨ 79＋304

⑩ 403＋88

⑪ 103＋37

⑫ 66＋204

⑬ 683＋9

⑭ 8＋235

⑮ 407＋3

 425円の クッキーと、68円の チョコレートを 買います。
あわせて いくらですか。

1つ5〔10点〕

しき

答え (　　　　　　　　)

14 3けたの　ひき算(1)

🐦 ひっ算で　しましょう。

1つ6〔90点〕

① 146−73　　② 167−84　　③ 163−91

④ 118−38　　⑤ 162−71　　⑥ 136−65

⑦ 107−54　　⑧ 105−32　　⑨ 103−63

⑩ 124−39　　⑪ 156−89　　⑫ 143−68

⑬ 162−73　　⑭ 133−57　　⑮ 151−94

⭐ そらさんは、144ページの　本を　読んで　います。今日までに、68ページ　読みました。のこりは　何ページですか。

1つ5〔10点〕

しき

答え（　　　　　　）

15 3けたの ひき算(2)

時間 20分　とく点 /100点

ひっ算で しましょう。　　　　1つ6〔90点〕

① 123−29　　② 165−68　　③ 173−76

④ 152−57　　⑤ 133−35　　⑥ 140−43

⑦ 103−56　　⑧ 105−79　　⑨ 107−29

⑩ 104−68　　⑪ 103−8　　⑫ 100−7

⑬ 102−6　　⑭ 101−3　　⑮ 107−8

 あおいさんは、シールを 103まい もって います。弟に 25まい あげました。シールは 何まい のこって いますか。

しき　　　　　　　　　　　　　　　1つ5〔10点〕

答え (　　　　　　　)

16 3けたの　ひき算 (3)

🐋 ひっ算で　しましょう。

1つ6〔90点〕

① 358−26　　② 437−14　　③ 583−32

④ 463−27　　⑤ 684−58　　⑥ 942−24

⑦ 745−19　　⑧ 534−28　　⑨ 453−47

⑩ 372−65　　⑪ 435−7　　⑫ 364−9

⑬ 732−4　　⑭ 513−6　　⑮ 914−8

⭐ 画用紙が　215まい　あります。今日　8まい　つかいました。
のこった　画用紙は　何まいですか。

1つ5〔10点〕

しき

答え (　　　　　　　　)

17

 **17** かけ算九九 (1)

時間 **20** 分

とく点

/100点

🐠 かけ算を　しましょう。 1つ6〔90点〕

① 5×4　　　② 2×8　　　③ 5×1

④ 5×3　　　⑤ 5×5　　　⑥ 2×7

⑦ 2×6　　　⑧ 2×4　　　⑨ 5×6

⑩ 2×5　　　⑪ 5×7　　　⑫ 2×9

⑬ 5×9　　　⑭ 2×2　　　⑮ 5×8

🐧 おかしが　5こずつ　入った　はこが、2はこ　あります。
おかしは　ぜんぶで　何こ　ありますか。 1つ5〔10点〕

しき

答え (　　　　　　　　　)

18 かけ算九九 (2)

🐋 かけ算を しましょう。

1つ6〔90点〕

① 3×6　　② 4×8　　③ 3×8

④ 4×2　　⑤ 3×9　　⑥ 4×4

⑦ 4×7　　⑧ 3×7　　⑨ 3×5

⑩ 3×1　　⑪ 4×6　　⑫ 4×3

⑬ 4×5　　⑭ 3×3　　⑮ 4×9

⭐ 長いすが 4つ あります。1つの 長いすに 3人ずつ
すわります。みんなで 何人 すわれますか。

1つ5〔10点〕

しき

答え (　　　　　　　)

19 かけ算九九 (3)

🐟 かけ算を しましょう。　　　　　　　　　1つ6〔90点〕

① 6×5　　　② 6×1　　　③ 6×4

④ 7×9　　　⑤ 6×8　　　⑥ 7×3

⑦ 7×5　　　⑧ 7×2　　　⑨ 6×7

⑩ 6×6　　　⑪ 7×8　　　⑫ 6×9

⑬ 7×4　　　⑭ 6×3　　　⑮ 7×7

🐧 カードを 1人に 7まいずつ、6人に くばります。カードは
何まい いりますか。　　　　　　　　　　　　　1つ5〔10点〕

しき

答え (　　　　　　　　)

20 かけ算九九 (4)

🐋 かけ算を しましょう。

1つ6〔90点〕

① 8×7　　② 9×5　　③ 8×2

④ 9×3　　⑤ 9×4　　⑥ 1×6

⑦ 1×7　　⑧ 8×8　　⑨ 9×9

⑩ 8×4　　⑪ 9×6　　⑫ 8×9

⑬ 8×6　　⑭ 1×9　　⑮ 9×7

⭐ えんぴつを 1人に 9本ずつ、8人に くばります。
えんぴつは 何本 いりますか。

1つ5〔10点〕

しき

答え (　　　　　　　　)

21

21 かけ算九九 (5)

🐠 かけ算を　しましょう。

1つ6〔90点〕

① 3×8

② 8×5

③ 1×5

④ 6×6

⑤ 4×9

⑥ 2×6

⑦ 7×4

⑧ 5×2

⑨ 8×9

⑩ 5×8

⑪ 9×6

⑫ 3×6

⑬ 7×3

⑭ 4×3

⑮ 8×7

🐧 1はこ　6こ入りの　チョコレートが　7はこ　あります。
チョコレートは　何こ　ありますか。

1つ5〔10点〕

しき

答え (　　　　　　　)

22 かけ算九九 (6)

時間 20分

とく点

/100点

🐳 かけ算を　しましょう。

1つ6〔90点〕

① 6×3　　② 4×6　　③ 8×6

④ 3×7　　⑤ 7×7　　⑥ 5×3

⑦ 1×6　　⑧ 9×5　　⑨ 6×9

⑩ 8×8　　⑪ 4×7　　⑫ 2×7

⑬ 7×1　　⑭ 5×6　　⑮ 9×3

⭐ お楽しみ会で、1人に　おかしを　2こと、ジュースを　1本
くばります。8人分では、おかしと　ジュースは、それぞれ
いくつ　いりますか。

1つ5〔10点〕

しき

答え（おかし…　　　、ジュース…　　　　　）

23

23 かけ算九九 (7)

かけ算を　しましょう。

1つ6〔90点〕

① 4×4　　② 7×5　　③ 2×3

④ 9×4　　⑤ 7×9　　⑥ 5×5

⑦ 3×4　　⑧ 8×3　　⑨ 6×2

⑩ 4×8　　⑪ 9×7　　⑫ 1×4

⑬ 5×7　　⑭ 3×9　　⑮ 6×8

 1週間は　7日です。6週間は　何日ですか。

1つ5〔10点〕

しき

答え（　　　　　　）

24 1000より　大きい　数

時間 20分

とく点

/100点

🐳 □に　あてはまる　数を　書きましょう。　　　　　　1つ10〔60点〕

① 1000を　6こ、100を　2こ、1を　9こ　あわせた　数は、

□　です。

② 7035は、1000を　□　こ、10を　□　こ、1を　□　こ

あわせた　数です。　（ぜんぶ できて 10点）

③ 千のくらいが　4、百のくらいが　7、十のくらいが　2、

一のくらいが　8の　数は、□　です。

④ 100を　39こ　あつめた　数は、□　です。

⑤ 8000は、100を　□　こ　あつめた　数です。

⑥ 1000を　10こ　あつめた　数は、□　です。

⭐ □に　あてはまる　＞、＜を　書きましょう。　　　　　1つ10〔40点〕

⑦ 7000 □ 6990　　　　　⑧ 4078 □ 4089

⑨ 9609 □ 9613　　　　　⑩ 7359 □ 7357

25 大きい　数の　計算 (3)

時間 20分

とく点

/100点

🐠 計算を　しましょう。

1つ6〔90点〕

① 700＋500　② 800＋600　③ 400＋800

④ 900＋400　⑤ 500＋600　⑥ 800＋800

⑦ 700＋600　⑧ 200＋900　⑨ 900＋300

⑩ 1000－500　⑪ 1000－800　⑫ 1000－400

⑬ 1000－300　⑭ 1000－600　⑮ 1000－900

🐧 700円の　絵のぐを　買います。1000円さつで　はらうと、おつりは　いくらですか。

1つ5〔10点〕

しき

答え (　　　　　　)

26 長さ

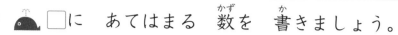

🐳 □に あてはまる 数を 書きましょう。

1つ5〔50点〕

① 2cm = □ mm

② 4m = □ cm

③ 80mm = □ cm

④ 200cm = □ m

⑤ 32mm = □ cm □ mm

⑥ 260cm = □ m □ cm

⑦ 402cm = □ m □ cm

⑧ 1m50cm = □ cm

⑨ 3m42cm = □ cm

⑩ 8cm5mm = □ mm

⭐ 計算を しましょう。

1つ10〔50点〕

⑪ 5cm6mm+7cm

⑫ 2m50cm+4m

⑬ 8cm2mm+7mm

⑭ 6cm8mm−5cm

⑮ 7m21cm−17cm

27　2年の　まとめ(1)

🐠 計算を　しましょう。　　　　　　　　　　1つ6〔54点〕

① 24＋14　　② 38＋58　　③ 75＋46

④ 27＋83　　⑤ 400＋80　　⑥ 87－50

⑦ 66－28　　⑧ 104－79　　⑨ 235－23

 かけ算を　しましょう。　　　　　　　　　1つ6〔36点〕

⑩ 5×3　　⑪ 7×8　　⑫ 1×9

⑬ 3×4　　⑭ 6×5　　⑮ 8×4

🐋 リボンが　52本　ありました。かざりを　作るのに　何本か
つかったので、のこりが　35本に　なりました。リボンを　何本
つかいましたか。　　　　　　　　　　　　　　1つ5〔10点〕

しき

答え（　　　　　　　）

28 **2年の まとめ (2)**

とく点

/100点

★ 計算を しましょう。　　　　1つ6〔54点〕

① 19＋39　　② 26＋34　　③ 37＋86

④ 98＋8　　⑤ 72－25　　⑥ 60－33

⑦ 106－9　　⑧ 256－53　　⑨ 1000－200

🐠 かけ算を しましょう。　　　　1つ6〔36点〕

⑩ 7×5　　⑪ 4×8　　⑫ 3×7

⑬ 9×6　　⑭ 2×9　　⑮ 6×8

🐧 1はこ 4こ入りの ケーキが 6はこ あります。ケーキを
5こ たべると、のこりは 何こですか。　　　　1つ5〔10点〕

しき

答え（　　　　　）

1
- ① 59
- ② 65
- ③ 68
- ④ 58
- ⑤ 99
- ⑥ 48
- ⑦ 98
- ⑧ 95
- ⑨ 39
- ⑩ 49
- ⑪ 80
- ⑫ 89
- ⑬ 59
- ⑭ 53
- ⑮ 48

しき 25+43=68　　　答え 68円

2
- ① 83
- ② 57
- ③ 93
- ④ 96
- ⑤ 43
- ⑥ 92
- ⑦ 46
- ⑧ 80
- ⑨ 50
- ⑩ 75
- ⑪ 52
- ⑫ 65
- ⑬ 90
- ⑭ 62
- ⑮ 40

しき 24+27=51　　　答え 51人

3
- ① 74
- ② 51
- ③ 51
- ④ 84
- ⑤ 94
- ⑥ 64
- ⑦ 73
- ⑧ 60
- ⑨ 54
- ⑩ 70
- ⑪ 47
- ⑫ 81
- ⑬ 73
- ⑭ 63
- ⑮ 98

しき 37+6=43　　　答え 43まい

4
- ① 52
- ② 52
- ③ 23
- ④ 46
- ⑤ 16
- ⑥ 26
- ⑦ 27
- ⑧ 10
- ⑨ 20
- ⑩ 30
- ⑪ 5
- ⑫ 3
- ⑬ 63
- ⑭ 83
- ⑮ 40

しき 39-15=24　　　答え 24まい

5
- ① 18
- ② 35
- ③ 37
- ④ 13
- ⑤ 58
- ⑥ 38
- ⑦ 26
- ⑧ 33
- ⑨ 24
- ⑩ 5
- ⑪ 2
- ⑫ 53
- ⑬ 47
- ⑭ 87
- ⑮ 66

しき 88-49=39　　　答え 39ページ

6
- ① 44
- ② 29
- ③ 36
- ④ 65
- ⑤ 48
- ⑥ 22
- ⑦ 39
- ⑧ 8
- ⑨ 6
- ⑩ 1
- ⑪ 25
- ⑫ 45
- ⑬ 36
- ⑭ 62
- ⑮ 53

しき 50-32=18　　　答え 18まい

7
- ① 130
- ② 120
- ③ 150
- ④ 110
- ⑤ 120
- ⑥ 140
- ⑦ 140
- ⑧ 80
- ⑨ 30
- ⑩ 80
- ⑪ 80
- ⑫ 60
- ⑬ 90
- ⑭ 80
- ⑮ 90

しき 80+40=120　　　答え 120まい

8
- ① 800
- ② 900
- ③ 600
- ④ 200
- ⑤ 600
- ⑥ 200
- ⑦ 430
- ⑧ 560
- ⑨ 920
- ⑩ 703
- ⑪ 200
- ⑫ 400
- ⑬ 600
- ⑭ 400
- ⑮ 700

しき 400+60=460　　　答え 460円

9
- ① 1L=[10]dL
- ② 1L=[1000]mL
- ③ 1dL=[100]mL
- ④ 8L=[80]dL
- ⑤ 300mL=[3]dL
- ⑥ 5dL=[500]mL
- ⑦ 21dL=[2]L1dL
- ⑧ 70dL=[7]L
- ⑨ 5L4dL
- ⑩ 1L8dL
- ⑪ 2L3dL
- ⑫ 4dL
- ⑬ 2L3dL
- ⑭ 1L5dL

10
- ① 27
- ② 38
- ③ 45
- ④ 57
- ⑤ 68
- ⑥ 59
- ⑦ 75
- ⑧ 67
- ⑨ 56
- ⑩ 68
- ⑪ 69
- ⑫ 78
- ⑬ 76
- ⑭ 88
- ⑮ 57

しき 14+28+16=58　　　答え 58本

11
① 137　② 128　③ 158
④ 117　⑤ 151　⑥ 143
⑦ 151　⑧ 121　⑨ 131
⑩ 133　⑪ 124　⑫ 116
⑬ 134　⑭ 124　⑮ 122
しき 67＋72＝139　　答え 139 こ

12
① 120　② 190　③ 120
④ 120　⑤ 101　⑥ 104
⑦ 104　⑧ 105　⑨ 100
⑩ 100　⑪ 100　⑫ 105
⑬ 104　⑭ 100　⑮ 100
しき 65＋38＝103　　答え 103 円

13
① 359　② 475　③ 267
④ 577　⑤ 368　⑥ 198
⑦ 465　⑧ 581　⑨ 383
⑩ 491　⑪ 140　⑫ 270
⑬ 692　⑭ 243　⑮ 410
しき 425＋68＝493　　答え 493 円

14
① 73　② 83　③ 72
④ 80　⑤ 91　⑥ 71
⑦ 53　⑧ 73　⑨ 40
⑩ 85　⑪ 67　⑫ 75
⑬ 89　⑭ 76　⑮ 57
しき 144－68＝76　　答え 76 ページ

15
① 94　② 97　③ 97
④ 95　⑤ 98　⑥ 97
⑦ 47　⑧ 26　⑨ 78
⑩ 36　⑪ 95　⑫ 93
⑬ 96　⑭ 98　⑮ 99
しき 103－25＝78　　答え 78 まい

16
① 332　② 423　③ 551
④ 436　⑤ 626　⑥ 918
⑦ 726　⑧ 506　⑨ 406
⑩ 307　⑪ 428　⑫ 355
⑬ 728　⑭ 507　⑮ 906
しき 215－8＝207　　答え 207 まい

17
① 20　② 16　③ 5
④ 15　⑤ 25　⑥ 14
⑦ 12　⑧ 8　⑨ 30
⑩ 10　⑪ 35　⑫ 18
⑬ 45　⑭ 4　⑮ 40
しき 5×2＝10　　答え 10 こ

18
① 18　② 32　③ 24
④ 8　⑤ 27　⑥ 16
⑦ 28　⑧ 21　⑨ 15
⑩ 3　⑪ 24　⑫ 12
⑬ 20　⑭ 9　⑮ 36
しき 3×4＝12　　答え 12 人

19
① 30　② 6　③ 24
④ 63　⑤ 48　⑥ 21
⑦ 35　⑧ 14　⑨ 42
⑩ 36　⑪ 56　⑫ 54
⑬ 28　⑭ 18　⑮ 49
しき 7×6＝42　　答え 42 まい

20
① 56　② 45　③ 16
④ 27　⑤ 36　⑥ 6
⑦ 7　⑧ 64　⑨ 81
⑩ 32　⑪ 54　⑫ 72
⑬ 48　⑭ 9　⑮ 63
しき 9×8＝72　　答え 72 本

21
① 24　② 40　③ 5
④ 36　⑤ 36　⑥ 12
⑦ 28　⑧ 10　⑨ 72
⑩ 40　⑪ 54　⑫ 18
⑬ 21　⑭ 12　⑮ 56
しき 6×7＝42　　　答え 42 こ

22
① 18　② 24　③ 48
④ 21　⑤ 49　⑥ 15
⑦ 6　⑧ 45　⑨ 54
⑩ 64　⑪ 28　⑫ 14
⑬ 7　⑭ 30　⑮ 27
しき 2×8＝16　　1×8＝8
答え おかし…16こ、ジュース…8本

23
① 16　② 35　③ 6
④ 36　⑤ 63　⑥ 25
⑦ 12　⑧ 24　⑨ 12
⑩ 32　⑪ 63　⑫ 4
⑬ 35　⑭ 27　⑮ 48
しき 7×6＝42　　　答え 42 日

24
① 1000を 6こ、100を 2こ、1を
　9こ あわせた 数は、6209 です。
② 7035は、1000を 7こ、10を
　3こ、1を 5こ あわせた 数です。
③ 千のくらいが 4、百のくらいが 7、
　十のくらいが 2、一のくらいが
　8の 数は、4728 です。
④ 100を 39こ あつめた 数は、
　3900 です。
⑤ 8000は、100を 80こ
　あつめた 数です。
⑥ 1000を 10こ あつめた 数は、
　10000 です。
⑦ 7000 ＞ 6990
⑧ 4078 ＜ 4089
⑨ 9609 ＜ 9613
⑩ 7359 ＞ 7357

25
① 1200　② 1400　③ 1200
④ 1300　⑤ 1100　⑥ 1600
⑦ 1300　⑧ 1100　⑨ 1200
⑩ 500　⑪ 200　⑫ 600
⑬ 700　⑭ 400　⑮ 100
しき 1000－700＝300　　答え 300 円

26
① 2cm＝20 mm　② 4m＝400 cm
③ 80mm＝8 cm　④ 200cm＝2 m
⑤ 32mm＝3 cm 2 mm
⑥ 260cm＝2 m 60 cm
⑦ 402cm＝4 m 2 cm
⑧ 1m50cm＝150 cm
⑨ 3m42cm＝342 cm
⑩ 8cm5mm＝85 mm
⑪ 12cm6mm　⑫ 6m50cm
⑬ 8cm9mm　⑭ 1cm8mm
⑮ 7m4cm

27
① 38　② 96　③ 121
④ 110　⑤ 480　⑥ 37
⑦ 38　⑧ 25　⑨ 212
⑩ 15　⑪ 56　⑫ 9
⑬ 12　⑭ 30　⑮ 32
しき 52－35＝17　　　答え 17本

28
① 58　② 60　③ 123
④ 106　⑤ 47　⑥ 27
⑦ 97　⑧ 203　⑨ 800
⑩ 35　⑪ 32　⑫ 21
⑬ 54　⑭ 18　⑮ 48
しき 4×6＝24　24－5＝19
答え 19 こ

「小学教科書ワーク・
数と計算」で、
さらに れんしゅうしよう！

わくわくシール

★1日の学習がおわったら、チャレンジシールをはろう。
★実力はんていテストがおわったら、まんてんシールをはろう。

チャレンジシール

1のだん	2のだん	3のだん	4のだん	5のだん	6のだん	7のだん	8のだん	9のだん
1×1=1 いんいちいち （一一が1）	2×1=2 にいちに （二一が2）	3×1=3 さんいちさん （三一が3）	4×1=4 しいちし （四一が4）	5×1=5 こいちご （五一が5）	6×1=6 ろくいちろく （六一が6）	7×1=7 しちいちしち （七一が7）	8×1=8 はちいちはち （八一が8）	9×1=9 くいちく （九一が9）
1×2=2 いんにに （一二が2）	2×2=4 ににんし （二二が4）	3×2=6 さんにろく （三二が6）	4×2=8 しにはち （四二が8）	5×2=10 こにじゅう （五二10）	6×2=12 ろくにじゅうに （六二12）	7×2=14 しちにじゅうし （七二14）	8×2=16 はちにじゅうろく （八二16）	9×2=18 くにじゅうはち （九二18）
1×3=3 いんさんさん （一三が3）	2×3=6 にさんろく （二三が6）	3×3=9 さざんく （三三が9）	4×3=12 しさんじゅうに （四三12）	5×3=15 こさんじゅうご （五三15）	6×3=18 ろくさんじゅうはち （六三18）	7×3=21 しちさんにじゅういち （七三21）	8×3=24 はちさんにじゅうし （八三24）	9×3=27 くさんにじゅうしち （九三27）
1×4=4 いんしし （一四が4）	2×4=8 にしはち （二四が8）	3×4=12 さんしじゅうに （三四12）	4×4=16 ししじゅうろく （四四16）	5×4=20 こしにじゅう （五四20）	6×4=24 ろくしにじゅうし （六四24）	7×4=28 しちしにじゅうはち （七四28）	8×4=32 はちしさんじゅうに （八四32）	9×4=36 くしさんじゅうろく （九四36）
1×5=5 いんごご （一五が5）	2×5=10 にごじゅう （二五10）	3×5=15 さんごじゅうご （三五15）	4×5=20 しごにじゅう （四五20）	5×5=25 ごごにじゅうご （五五25）	6×5=30 ろくごさんじゅう （六五30）	7×5=35 しちごさんじゅうご （七五35）	8×5=40 はちごしじゅう （八五40）	9×5=45 くごしじゅうご （九五45）
1×6=6 いんろくろく （一六が6）	2×6=12 にろくじゅうに （二六12）	3×6=18 さぶろくじゅうはち （三六18）	4×6=24 しろくにじゅうし （四六24）	5×6=30 ごろくさんじゅう （五六30）	6×6=36 ろくろくさんじゅうろく （六六36）	7×6=42 しちろくしじゅうに （七六42）	8×6=48 はちろくしじゅうはち （八六48）	9×6=54 くろくごじゅうし （九六54）
1×7=7 いんしちしち （一七が7）	2×7=14 にしちじゅうし （二七14）	3×7=21 さんしちにじゅういち （三七21）	4×7=28 しちにじゅうはち （四七28）	5×7=35 ごしちさんじゅうご （五七35）	6×7=42 ろくしちしじゅうに （六七42）	7×7=49 しちしちしじゅうく （七七49）	8×7=56 はちしちごじゅうろく （八七56）	9×7=63 くしちろくじゅうさん （九七63）
1×8=8 いんはちはち （一八が8）	2×8=16 にはちじゅうろく （二八16）	3×8=24 さんぱにじゅうし （三八24）	4×8=32 しはさんじゅうに （四八32）	5×8=40 ごはしじゅう （五八40）	6×8=48 ろくはしじゅうはち （六八48）	7×8=56 しちはごじゅうろく （七八56）	8×8=64 はっぱろくじゅうし （八八64）	9×8=72 くはしちじゅうに （九八72）
1×9=9 いんくく （一九が9）	2×9=18 にくじゅうはち （二九18）	3×9=27 さんくにじゅうしち （三九27）	4×9=36 しくさんじゅうろく （四九36）	5×9=45 ごっくしじゅうご （五九45）	6×9=54 ろっくごじゅうし （六九54）	7×9=63 しちくろくじゅうさん （七九63）	8×9=72 はっくしちじゅうに （八九72）	9×9=81 くくはちじゅういち （九九81）

時計の　読み方

長い　はりは　**何分**　です。

長い　はりが　ひと回り　すると　**60分＝1時間**

みじかい　はりは　**何時**　です。

めもりは　1めもりで　**1分**　です。

時こくと　時間

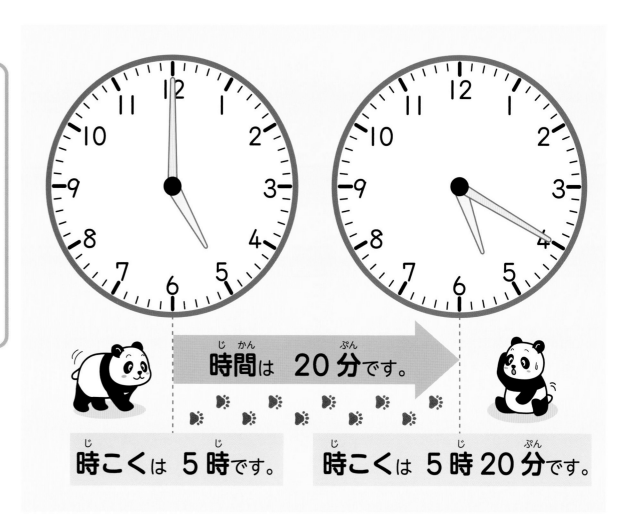

時間は　20分です。

時こくは　5時です。　　時こくは　5時20分です。

午前と　午後

	午前		正午			午後		
6時	8時	10時	12時 0時	（14時） 2時	（16時） 4時	（18時） 6時	（20時） 8時	（21時） 9時

おきる	家を　出る	じゅぎょう	昼食	あそぶ	手つだい	夕食	おふろ	ねる

▶動画　コードを読みとって、下の番号の動画を見てみよう。

教科書⊕

教科書⊗

＊が ついている動画は、一部
他の単元の内容を ふくみます。

せいりの しかたや あらわし方を 考えよう

もくひょう
ひょうや グラフで あらわして、わかりやすく せいりしよう。

おわったら シールを はろう

きほんのワーク

教科書 上 12〜17ページ　　答え 1 ページ

きほん 1 ☆ ひょうや グラフに あらわして せいりできますか。

☆ ひろきさんの 組で、この 春に 食べたい くだものに ついて しらべました。買いたい 場しょと くだものを、下のように 1まいずつ カードに 書きました。

スーパーマーケット	やおや	やおや	のう園の直売じょ	スーパーマーケット	スーパーマーケット	やおや
いちご	メロン	りんご	いちご	オレンジ	バナナ	バナナ

スーパーマーケット	スーパーマーケット	やおや	デパート	やおや	のう園の直売じょ	スーパーマーケット
ぶどう	オレンジ	バナナ	メロン	いちご	りんご	メロン

デパート	スーパーマーケット	のう園の直売じょ	のう園の直売じょ	やおや	スーパーマーケット	やおや
いちご	バナナ	メロン	いちご	メロン	いちご	りんご

❶ それぞれの くだものを えらんだ 人数を、ひょうに 書きましょう。

くだものしらべ

くだもの	りんご	メロン	いちご	バナナ	オレンジ	ぶどう
人数（人）	3					

なぞりましょう。

❷ それぞれの くだものを えらんだ 人数を、○を つかって グラフに あらわしましょう。

くだものしらべ

○は 下から かくよ。

りんご	メロン	いちご	バナナ	オレンジ	ぶどう

❸ 人数が いちばん 多い くだものは 何ですか。また、何人ですか。

くだもの ☐　　　人数 ☐

さんすうはかせ　ひょうは 数が わかりやすく、グラフは 数の 多い、少ないが わかりやすいね。

1 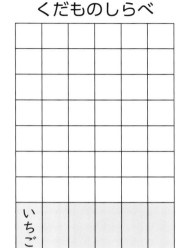 きほん1 の **くだものしらべ** に ついて 答えましょう。

📖教科書 14ページ2

くだものしらべ

❶ きほん1 ❷で かいた グラフを、右に ○の 多い じゅんに ならべかえましょう。

❷ バナナは 何ばん目に 多くて、何人ですか。

$$\Bigg(\underline{\hspace{3cm}}\text{ばん目に 多くて、}\underline{\hspace{2cm}}\text{人}\Bigg)$$

❸ メロンと オレンジの 人数の ちがいは 何人ですか。

$$\Bigg(\underline{\hspace{4cm}}\Bigg)$$

❹ □に **ひょう**か **グラフ**の どちらかを 書きましょう。

・人数が わかりやすいのは、□ に あらわすほうです。

・人数の ちがいが わかりやすいのは、□ に あらわすほうです。

2 きほん1 で しらべた くだものを 買いたい 場しょに ついて、しらべてみましょう。

📖教科書 16ページ3

❶ くだものを 買いたい 場しょごとに、ひょうに まとめましょう。

くだものしらべ

買いたい 場しょ	スーパーマーケット	やおや	デパート	のう園の 直売じょ
人数（人）				

くだものしらべ

❷ くだものを 買いたい 場しょごとに、○を つかって、グラフに あらわしましょう。

❸ いちばん 多い 場しょは どこですか。また、何人ですか。

場しょ$\Big(\underline{\hspace{3cm}}\Big)$ 人数$\Big(\underline{\hspace{1.5cm}}\Big)$

❹ やおやで 買いたい 人は、デパートで 買いたい 人より 何人 多いですか。

$$\Bigg(\underline{\hspace{3cm}}\Bigg)$$

何を しらべたいかに よって、ひょうや グラフの まとめ方を かえれば いいね。

おうちのかたへ　調べたいことを表やグラフに表して、分かりやすく整理することのよさを理解しましょう。何を調べたいかによって、まとめ方が変わります。気づいたことを話し合ってみましょう。

3

れんしゅうのワーク

1 ひょうと グラフ あやさんの 組の 23人が、そだてたい 花を 1つずつ かきました。

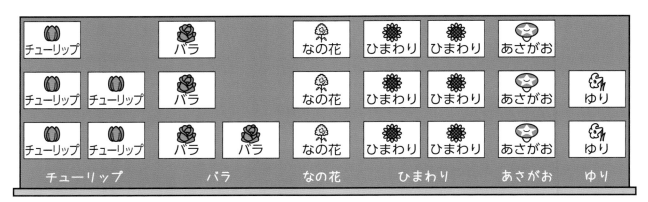

① それぞれの 花を えらんだ 人数を、右の ひょうに 書きましょう。

そだてたい 花

花	チューリップ	バラ	なの花	ひまわり	あさがお	ゆり
人数(人)						

② それぞれの 花を えらんだ 人数を、〇を つかって グラフに あらわしましょう。

③ えらんだ 人が いちばん 多い 花は 何ですか。また、何人ですか。

花 (　　　　　　　　)　　　人数 (　　　　)

④ えらんだ 人が 2ばん目に 多い 花は 何ですか。

(　　　　　　　　)

⑤ バラを えらんだ 人と ゆりを えらんだ 人では、どちらが 何人 多いですか。

(　　　　　　　　　　　　　　　　　　　　　　　　　)

そだてたい 花

チューリップ	バラ	なの花	ひまわり	あさがお	ゆり

できるナビ　人数の 多い 少ないは、グラフを 見ると わかりやすいよ！
人数は ひょうを 見れば わかりやすいね。

まとめのテスト

教科書 （上 12～19ページ　答え 2 ページ

1 4月の 天気を しらべました。

❶❷ 1つ25、❸～❻ 1つ10〔100点〕

4月の 天気

1日	2日	3日	4日	5日	6日	7日	8日	9日	10日	11日
☃	☃	☀	☁	☁	☃	☀	☀	☀	☁	☁

12日	13日	14日	15日	16日	17日	18日	19日	20日	21日	22日
☀	☀	☁	☂	☀	☀	☁	☂	☀	☁	☀

23日	24日	25日	26日	27日	28日	29日	30日
☂	☂	☂	☂	☁	☀	☀	☂

☀ 晴（は）れ　☁ くもり
☂ 雨　☃ 雪（ゆき）

❶ よく出る それぞれの 天気の 日数（にっすう）を、
ひょうに 書きましょう。

4月の 天気

天気	晴れ	くもり	雨	雪
日数（日）				

❷ よく出る 日数を、〇を つかって、
グラフに あらわしましょう。

❸ 日数が いちばん 多い 天気は、
どれですか。

（　　　　　　　　）

❹ くもりの 日は、雨の 日より
何日 多いですか。

（　　　　　　　　）

❺ 晴れと 雪とでは、どちらが 何日
多いですか。

（　　　　　　　が　　　　　日 多い。）

4月の 天気

晴れ	くもり	雨	雪

❻ （　）の 中の 合（あ）っている ほうに 〇を つけましょう。

・日数が わかりやすいのは、（ひょう・グラフ）です。

・日数の 多い 少（すく）ないが わかりやすいのは、（ひょう・グラフ）です。

□ しらべたことを ひょうに あらわすことが できたかな？
□ しらべたことを グラフに あらわすことが できたかな？

① 時こくと 時間
② 1日の 時間

きほんのワーク

もくひょう
時こくと 時間の ちがいや、午前・午後の 時こくを 知ろう。

おわったら シールを はろう

教科書 上 20〜26ページ 　答え 2ページ

きほん 1 時こくと 時間の ちがいが わかりますか。

☆ けんさんが 公園に 行ったときの ようすを しらべましょう。

家を 出た。　　公園に ついた。　　公園を 出た。

❶ 上の 時計を 見て、⑦〜⑨の **時こく**を いいましょう。

⑦ [ ] 時　　⑦ [ ] 時 [ ] 分　　⑨ [ ] 時

❷ 家を 出てから、公園に つくまでの **時間**は、[ ] 分間です。

家を 出た 時こく 3時　　公園に ついた 時こく 3時10分

時間

10分間
時間

❸ 家を 出てから、公園を 出るまでの 時間は、[ ] 時間です。

たいせつ
・長い はりが 1目もり すすむ 時間を、1分間と いいます。
・長い はりが 1まわりする 時間は、60分間です。60分間を、1時間と いいます。 1時間＝60分間

1 つぎの 時間は、何分間ですか。

📖 教科書 21ページ 1

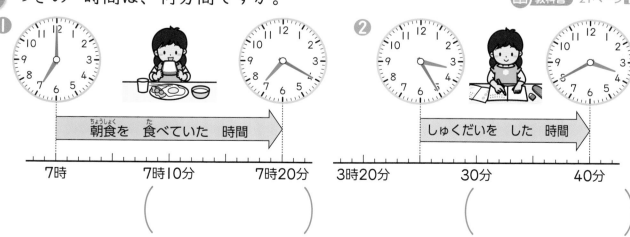

❶
7時 　7時10分 　7時20分
朝食を 食べていた 時間

( )

❷
3時20分 　30分 　40分
しゅくだいを した 時間

( )

さんすうはかせ 時こくは 「何時何分」のように いっしゅんの ときを さし、時間は 時こくと 時こくの 間の ときの ながれ(長さ)を あらわすよ。ちがいを おさえよう。

☆ 下の 絵を 見て 答えましょう。

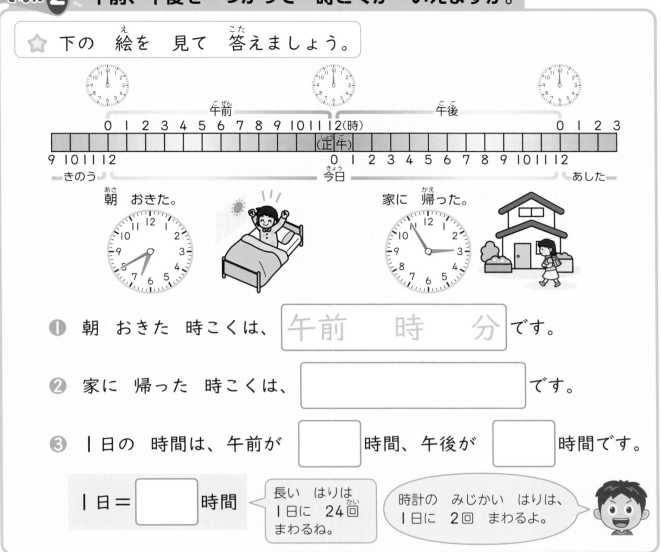

① 朝 おきた 時こくは、 午前 時 分 です。

② 家に 帰った 時こくは、 です。

③ 1日の 時間は、午前が 時間、午後が 時間です。

1日＝ 時間

長い はりは 1日に 24回 まわるね。

時計の みじかい はりは、 1日に 2回 まわるよ。

---

2 つぎの 時こくを 午前、午後を つかって 書きましょう。 📖教科書 24ページ**1** 26ページ**2**

① 朝 （　　　　　　　　）

② 夜 （　　　　　　　　）

---

3 かなさんは、午後8時に ねて、つぎの 日の 午前7時に おきました。 ねていた 時間は 何時間ですか。 📖教科書 26ページ**1**

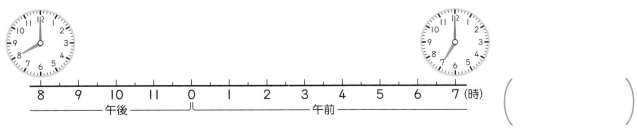

（　　　　　　　　）

れんしゅうのワーク

できた 数

／6もん 中

おわったら
シールを
はろう

教科書　⊕ 20～29ページ　答え　2 ページ

1 いろいろな　時間を　もとめる　ゆうたさんは、家ぞくで　水ぞくかんへ
行きました。

午前10時30分　家を　出る。

午後2時　　　　午後2時30分　　イルカの　ショー

から　　　　　まで

午前11時30分　水ぞくかんに　つく。

午後3時45分　　午後4時　　アシカの　ショー

から　　　まで

❶　家を　出てから、水ぞくかんに　つくまでの
時間は　何時間ですか。

（　　　　　　　　）

❷　イルカの　ショーが　はじまってから、
おわるまでの　時間は、何分間ですか。

（　　　　　　　　）

❸　アシカの　ショーが　はじまってから、
おわるまでの　時間は、何分間ですか。

（　　　　　　　　）

2 午前、午後の　時こく　つぎの　時こくに　合うように　時計に　長い　はりを
かきましょう。

❶　午前9時10分　　　　❷　午後1時35分　　　　❸　午後4時50分

できるナビ　長い　はりが　1まわりすると　1時間だね。
時間は、長い　はりが　どれだけ　うごいたかを　見れば　わかるよ！

まとめのテスト

時間 **20** 分

とく点　　　／100点

おわったら シールを はろう

教科書 ⊕ 20～29ページ　答え 2 ページ

1 □に あてはまる 数や ことばを 書きましょう。

1つ10〔40点〕

❶ｌ時間＝□分間　　❷ｌ日＝□時間

❸ 時計の みじかい はりは、ｌ日に □回 まわります。

❹ 昼の ｌ2時の ことを □と いいます。

2 つぎの もんだいに 答えましょう。

1つ10〔20点〕

❶ ⑦の 時こくは、何時何分ですか。

（　　　　　　　）

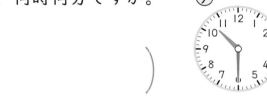

⑦　　　　　　⑦

❷ ⑦の 時こくから、⑦の 時こくまでの 時間は、何分間ですか。

（　　　　　　　）

3 よく出る つぎの 時こくを 午前、午後を つかって 書きましょう。

1つ15〔30点〕

❶ 朝

（　　　　　　　）

❷ 夜

（　　　　　　　）

4 本を 読んでいた 時間は、何分間ですか。

〔10点〕

本を 読みはじめた。

本を 読みおわった。

午後2時25分　　　午後3時

（　　　　　　　）

 チェック ✓ □日、時、分の かんけいが わかったかな？
□「何分間」や 「午前・午後の 時こく」を もとめられたかな？

① たし算
② ひき算

きほんのワーク

もくひょう

2けたの たし算、
ひき算の しかたを
考えよう。

おわったら
シールを
はろう

教科書　⊕ 30～36ページ　答え　2 ページ

きほん①　2けたの たし算の しかたを 考えることが できますか。

☆ みはるさんたちは、おり紙で 星を
きのう 13こ、今日 24こ おりました。
星は、ぜんぶで 何こ ありますか。

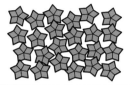

・ぜんぶの 数を もとめる しきは、　⬚

▶ぜんぶの 数を、くふうして 考えます。

・おはじきに
おきかえて、
10ずつに
まとめる。

❀❀❀❀❀ ＋ ❀❀❀❀❀ ❀❀❀❀❀

・●に おきかえて、10ずつ 線で かこむ。

●●●●●●●●●●　＋　●●●●●●●●●●
●●●　　　　　　　　　　●●●●

▶星を ブロックに おきかえて、計算の しかたを 考えます。

13 ＋ 24

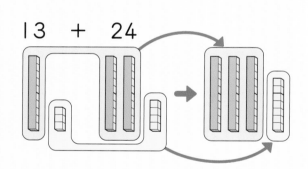

10の まとまりが ③ こと、

ばらが ⑦ こで、　⬚　。

13＋24＝⬚
（3と7）

① **きほん①**で、星の 数を、ブロックを たてに ならべて 考えます。
　⬚に あてはまる 数を 書きましょう。

教科書 31ページ①

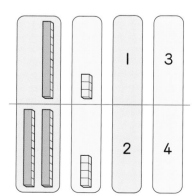

	1	3
	2	4

10の まとまりが ⬚ こと、

ばらが ⬚ こで、⬚ 。

13＋24＝⬚

2けたの たし算は
十のくらいどうし、
一のくらいどうしを
計算するんだね。

答え ⬚ こ

さんすうはかせ　ひき算では 「－」と いう 記ごうを つかうよね。「－」の 記ごうも 「＋」の 記ごうも、
ドイツの 数学しゃ ウィッドマンと いう 人が つかいはじめたんだ。

☆ なおきさんは　シールを　27まい　もっていました。
そのうち、15まいを　妹に　あげました。
シールは　何まい　のこっていますか。

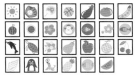

・のこった　シールの　数を　もとめる　しきは、

▶シールを　ブロックに　おきかえて、27-15の　計算の　しかたを
考えます。

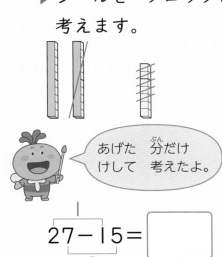

あげた　分だけ
けして　考えたよ。

27を　20　と　7に　分けます。

15を　10と　5　に　分けます。

20-10=□　　□　と　2を

7-5=□　　たして　□。

27-15=□

② きほん 2 で、シールの　数を、ブロックを　下のようにして　考えます。
□に　あてはまる　数を　書きましょう。

📖教科書 34ページ 1

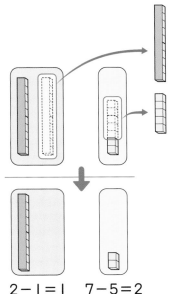

10の　まとまりが　2こ。

□から　1を　ひいて　□。

ばらの　7から　□を　ひいて　□。

十のくらいが　□、

一のくらいが　□で、　□。

2-1=1　7-5=2

27-15=□

2けたの　ひき算も
十のくらいどうし、
一のくらいどうしを
計算すれば
いいんだね。

答え　□　まい

おうちのかたへ　2けたのたし算・ひき算のしかたを、図やブロックを使ってくふうして考えます。2けたの
たし算・ひき算は、十の位どうし、一の位どうしを計算すればよいことを理解します。

れんしゅうのワーク

でも数

／12もん 中

おわったら
シールを
はろう

教科書 ⊕ 30〜37ページ　答え 3 ページ

❶ たし算 赤い おはじきが 25こ、
青い おはじきが 14こ あります。
　おはじきは、ぜんぶで 何こ ありますか。

❶ ぜんぶの 数を もとめる
　しきを 書きましょう。

しき（　　　　　　　　　　　　）

❷ ❶の しきの 計算の しかたを、ブロックを 下のように ならべて
考えます。□に あてはまる 数を 書きましょう。

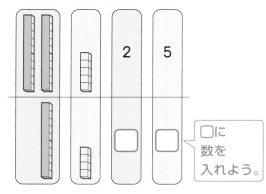

□に
数を
入れよう。

10の まとまりが □ こと、

ばらが □ こで、□ 。

25+14＝ □

答え □ こ

❷ ひき算 クッキーが 26こ ありました。
そのうち、12こを 食べました。
　クッキーは 何こ のこっていますか。

❶ のこった クッキーの 数を
　もとめる しきを 書きましょう。

しき（　　　　　　　　　　　　）

❷ 何こ のこっているかを、下の 2つの 考え方で もとめましょう。

▶クッキーを ○に おきかえて 考えよう。
［図を かこう。］

▶ブロックを つかって 考えよう。

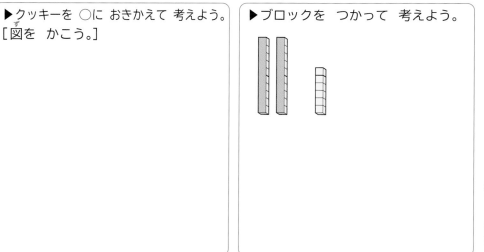

答え

（　　　　　　　　　　　　）

できるナビ （2けた）＋（2けた）や （2けた）−（2けた）の 計算は、10の まとまりが いくつ、
ばらが いくつと くらいごとに 分けて 考えると、計算が しやすいね！

まとめのテスト

教科書 上 30～37ページ　答え 3ページ

1 たいちさんは ビー玉を 16こ、めいさんは
ビー玉を 22こ もっています。ビー玉は、合わせて
何こ ありますか。

❶10、❷1つ7〔45点〕

❶ ビー玉の ぜんぶの 数を
もとめる しきを 書きましょう。

しき（　　　　　　　　　　）

❷ 計算の しかたを 考えました。□に 数を 書き、答えを もとめましょう。

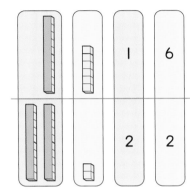

10の まとまりが [　] こと、

ばらが [　] こで、[　　　]。

16＋22＝[　　　]　答え（　　　　　）

2 ちひろさんは、ガムを 28こ もっていました。
ゆうやさんに 13こ あげました。
　　ガムは、何こ のこっていますか。❶10、❷1つ5〔55点〕

❶ のこった ガムの 数を
もとめる しきを 書きましょう。

しき（　　　　　　　　　　）

❷ 計算の しかたを 考えました。□に 数を 書き、答えを もとめましょう。

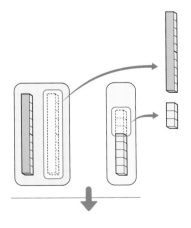

10の まとまりが 2こ。

[　　　] から 1を ひいて [　　　]。

ばらの 8から [　　　] を ひいて [　　　]。

十のくらいが [　　　]、一のくらいが [　　　] で、

[　　　]。➡ 28－13＝[　　　]

答え（　　　　　）

□ 2けたの たし算の しかたが わかったかな？
□ 2けたの ひき算の しかたが わかったかな？

もくひょう
2けたの たし算の
ひっ算の しかたを
知ろう。

おわったら
シールを
はろう

① 2けたの たし算 [その1]

きほんのワーク

教科書 ㊤ 38〜41ページ　答え 3 ページ

きほん 1　2けたの たし算の しかたが わかりますか。

☆ 23+15の ひっ算の しかたを 考えましょう。

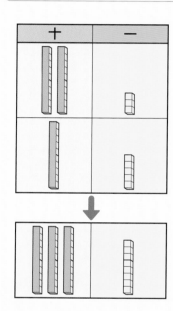

なぞりましょう。

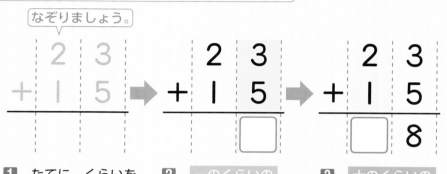

```
  2 3       2 3       2 3
+ 1 5  ➡  + 1 5  ➡  + 1 5
              □         □ 8
```

1 たてに くらいを そろえて 書く。

2 一のくらいの 計算を する。

3+5=□

3 十のくらいの 計算を する。

2+1=□

23+15=□

同じ くらいどうしで 計算を するよ。

1　つぎの 計算を ひっ算で しましょう。

📖教科書 39ページ**1** 40ページ▶

① 36+21

```
  3 6
+ 2 1
```

② 12+47

③ 64+23

④ 51+42

⑤ 19+50

⑥ 26+30

⑦ 40+38

⑧ 30+60

14

　ひっ算は、「筆算」と 書くよ。筆で 書かれた 計算と いう いみだよ。そろばんで
計算するのが あたりまえの 時だいに 生まれた 計算の やり方だったんだ。

☆ 4＋32の　ひっ算の　しかたを　考えましょう。

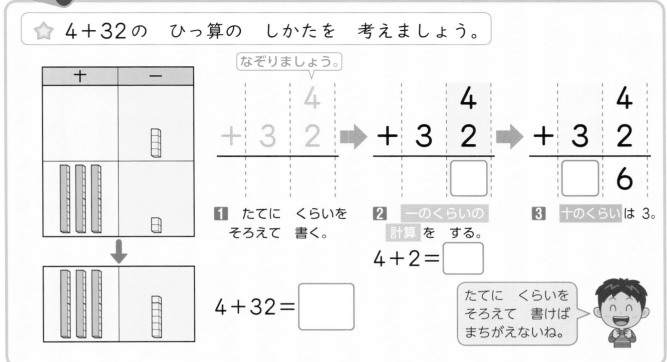

なぞりましょう。

1 たてに　くらいを　そろえて　書く。

2 一のくらいの　計算を　する。

4＋2＝ □

3 十のくらいは 3。

4＋32＝ □

たてに　くらいを
そろえて　書けば
まちがえないね。

2 つぎの　計算を　ひっ算で　しましょう。　　📖教科書 41ページ **2** ▶

① 3＋24

② 5＋63

③ 41＋7

④ 97＋2

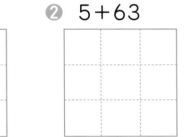

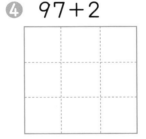

3 クラスの　みんなで、黄色の　ミニトマトを　6こ、
赤の　ミニトマトを　32こ　とりました。
合わせて　何こ　とりましたか。　　📖教科書 41ページ **2** ▶

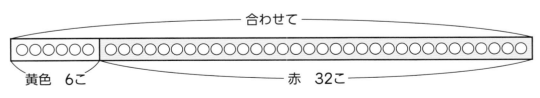

合わせて

黄色　6こ　　　　　　　　　　赤　32こ

しき

答え（　　　　　　　）

ひっ算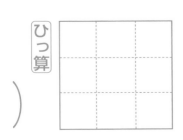

おうちのかたへ　2けたのたし算の筆算のしかたを学習します。筆算は、位を縦にそろえて計算できるので、
位ごとの計算がやりやすいことを確認しましょう。

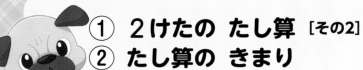

① ２けたの たし算 [その2]
② たし算の きまり

きほんのワーク

もくひょう
くり上がりの ある たし算と、たし算の きまりを 学ぼう。

おわったら シールを はろう

教科書　上 42〜48ページ　答え　3 ページ

きほん ❶　くり上がりの ある ２けたの たし算の しかたが わかりますか。

☆ 37＋25の ひっ算の しかたを 考えましょう。

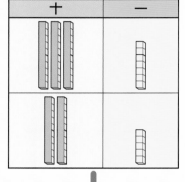

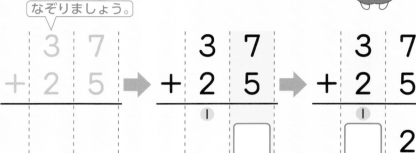

なぞりましょう。

❶ たてに くらいを そろえて 書く。
一のくらいから 計算する。

❷ 一のくらいの 計算
7＋5＝□
一のくらいは □。
十のくらいに ❶くり上げる。

❸ 十のくらいの 計算
❶くり上げたので、
3＋2＋❶＝□
十のくらいは □。

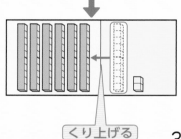

37＋25＝□

❶ つぎの 計算を ひっ算で しましょう。

📖教科書　42ページ❸　44ページ▶❷　45ページ❹▶

❶ 36＋18

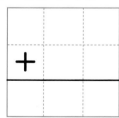

❷ 28＋54

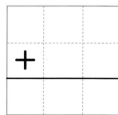

❸ 15＋76

❹ 49＋27

❺ 26＋34

❻ 64＋9

❼ 8＋75

❽ 3＋47

さんすうはかせ　くり上がりが ある 計算では、くり上げた １を 小さく 書いておくと まちがいが ふせげるよ。ひっ算で 考えの メモを 書くのは いいことなんだ。

☆ つぎの 計算を して、答えを くらべてみましょう。

① 26＋17と 17＋26

たされる数 …	**2 6**	**1 7**
たす数 …	**＋1 7**	**＋2 6**
答え …	☐	☐

同じ

> **たいせつ**
> たし算では、たされる数と たす数を 入れかえて たしても、答えは 同じに なります。
> 26＋17＝17＋26

② 39＋6＋4

⑦ 39＋6を 先に 計算する。

$$\begin{array}{r} 39 \\ +6 \\ \hline 45 \end{array} \Rightarrow \begin{array}{r} 45 \\ +4 \\ \hline \end{array}$$ ☐

⑦ 6＋4を 先に 計算する。

6＋4＝10 ➡ $$\begin{array}{r} 39 \\ +10 \\ \hline \end{array}$$ ☐

同じ

⑦の ほうが 計算が かんたんだね。

> **たいせつ**
> たし算では、たす じゅんじょを かえても 答えは 同じに なります。
> （39＋6）＋4＝39＋（6＋4）

（ ）は、先に 計算する しるしです。

2 答えが 同じに なる しきを 見つけて、線で むすびましょう。

📖 教科書 47ページ ②

32＋27	23＋34	59＋4

34＋23	4＋59	60＋9	27＋32

3 くふうして 計算を しましょう。

📖 教科書 48ページ ▷

① 39＋12＋8

② 48＋16＋24

③ 57＋14＋13

④ 65＋26＋5

たすと ぴったりの 数に なる 計算から しよう。

おうちのかたへ 十の位にくり上がるたし算と、たし算のきまりを学習します。縦に位をそろえて書くことに注意し、くり上げた1をたすのを忘れないように、くり上がりをメモするようにします。

れんしゅうのワーク

できた 数

／11もん 中

おわったら
シールを
はろう

教科書 ⊕ 38〜51ページ　答え 4 ページ

---

1 たし算の ひっ算の しかた　28＋37の ひっ算の しかたを まとめましょう。

❶ 一のくらいの 8＋7の 計算を して、15。

一のくらいは 　　。十のくらいに 　　くり上げる。

$$\begin{array}{r} 2\,8 \\ +\ 3\,7 \\ \hline \end{array}$$

❷ 十のくらいは、2＋3＋ □ ＝6　❸ 答えは、　　。

---

2 たし算の ひっ算の しかた　つぎの ひっ算の まちがいを 見つけ、正しい 計算の しかたや 答えを 書きましょう。

❶ 49＋31　　正しい 計算

$$\begin{array}{r} 4\,9 \\ +\ 3\ \ 1 \\ \hline 7\ \ 0 \end{array}$$

❷ 7＋24　　正しい 計算

$$\begin{array}{r} 7 \\ +\ 2\,4 \\ \hline 9\,4 \end{array}$$

---

3 たし算の しきづくり　答えが 40に なる たし算の しきを、2つ つくりましょう。

□ ＋ □ ＝40　　　□ ＋ □ ＝40

---

4 たし算の きまり・文しょうだい　りなさんは カードを 15まい もっています。カードを お兄さんから 8まい、お姉さんから 2まい もらいました。

❶ りなさんは、カードの ぜんぶの 数を もとめるのに、つぎの しきを 書きました。

15＋(8＋2)

( )の 中の 8＋2は、何を もとめようと している しきですか。ことばで 書きましょう。

(　　　　　　　　　　　　　　　　)

❷ りなさんの カードは、ぜんぶで 何まいに なりましたか。

(　　　　　　)

できるナビ　❷ くらいを そろえて 計算しているかな？　くり上がりを わすれていないかな？
❹ ( )は 先に 計算する しるしだよ。

まとめのテスト

時間 **20**分

とく点

/100点

おわったら
シールを
はろう

教科書　⊕ 38〜51ページ　答え　4ページ

1 よく出る つぎの　計算を　ひっ算で　しましょう。　　　　　1つ7〔28点〕

❶　23＋46　　　❷　32＋19　　　❸　45＋35　　　❹　8＋78

2 つぎの　ひっ算の　まちがいを　見つけ、正しい　答えを　（　）の　中に
書きましょう。　　　　　　　　　　　　　　　　　　　　　1つ10〔20点〕

❶
```
   6 4
＋  2 8
───────
   8 2
```
（　　　　）

❷
```
   2 2
＋    7
───────
   9 9
```
（　　　　）

3 つぎの　計算を　しましょう。また、たされる数と　たす数を　入れかえて
計算して、答えを　たしかめましょう。　　　　　　　　　　1つ5〔20点〕

❶
```
   1 3
＋  5 0
```
入れかえて
計算しよう。
➡

❷
```
     9
＋  4 7
```
入れかえて
計算しよう。
➡

4 くふうして　計算を　しましょう。　　　　　　　　　　　1つ10〔20点〕

❶　63＋14＋6　　　　　❷　13＋39＋27

5 そうまさんは、58円の　えんぴつと、36円の　けしゴムを　買います。
ぜんぶで　何円に　なりますか。　　　　　　　　　　　　　1つ4〔12点〕

しき

58円　　36円

ひっ算

答え（　　　　　　　　　　　）

チェック ☑　□2けたの　たし算を　ひっ算で　計算することが　できたかな？
　　　　　　□たし算の　きまりが　わかったかな？

ふろくの　「計算れんしゅうノート」2〜4・11ページを　やろう！

19

もくひょう

2けたの　ひき算の　ひっ算の　しかたを　知ろう。

おわったら
シールを
はろう

① 2けたの ひき算 [その1]

きほんのワーク

教科書 ⊕ 52〜55ページ　　答え 5 ページ

きほん 1　2けたの　ひき算の　しかたが　わかりますか。

☆ 39−13の　ひっ算の　しかたを　考えましょう。

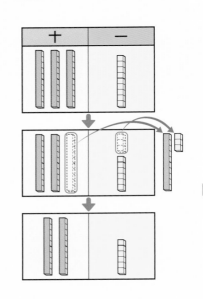

なぞりましょう。

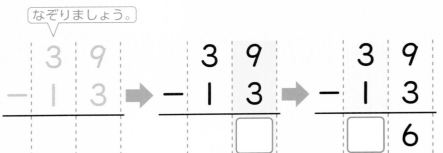

1　たてに　くらいを　そろえて　書く。

2 一のくらいの　計算を　する。

$9-3=\boxed{}$

3 十のくらいの　計算を　する。

$3-1=\boxed{}$

$39-13=\boxed{}$

同じ　くらいどうしで　計算を　すれば　いいね。

1 67−24の　計算を　ひっ算で　しましょう。

📖 教科書 53ページ **1**

一のくらい　$\boxed{}-\boxed{}=\boxed{}$

十のくらい　$\boxed{}-\boxed{}=\boxed{}$

$67-24=\boxed{}$

くらいを　そろえて　計算しよう。

2 つぎの　計算を　ひっ算で　しましょう。

📖 教科書 54ページ ▶

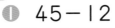 ❶ 45−12　　❷ 78−31　　❸ 86−54　　❹ 59−15

さんすうはかせ　ひっ算では 「くらい」を　そろえて　書くことが　たいせつだよ。ひき算も　たし算と同じように　一のくらいから　じゅんに　計算を　すすめていくよ。

☆ つぎの 計算を ひっ算で しましょう。

① 36−33

```
  3 6        3 6
−  3 3   → − 3 3
  ┌─┐        ─────
  └─┘          3
```
0は 書かない。

② 57−7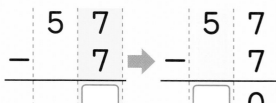

```
  5 7        5 7
−    7   → −   7
  ┌─┐        ─────
  └─┘        ┌─┐ 0
             └─┘
```
十のくらいは 5
そのまま かわらないね。

一のくらいの 計算　　十のくらいの 計算

6−3=□　　　3−3=□

36−33=□

一のくらいの 計算　　十のくらいは

7−7=□

57−7=□

③ つぎの 計算を ひっ算で しましょう。　　教科書 55ページ 2 ▷ 2

① 75−35　　② 89−84　　③ 63−60　　④ 50−40

   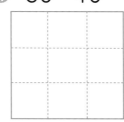

⑤ 93−2　　⑥ 68−6　　⑦ 49−9　　⑧ 24−4

④ 画用紙が 38まい あります。32まい くばると、のこりは 何まいに なりますか。　　教科書 55ページ 2 ▷

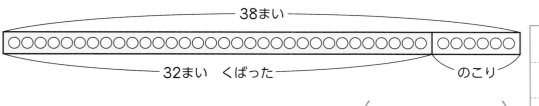

38まい
32まい くばった
のこり

ひっ算

しき　　　　　　　　　　　　　　答え（　　　　　　　　）

おうちのかたへ　2けたのひき算の筆算のしかたを学習します。筆算は位をそろえて書くことからスタートします。位をそろえることの大切さを、空位のある計算を通して確認しましょう。

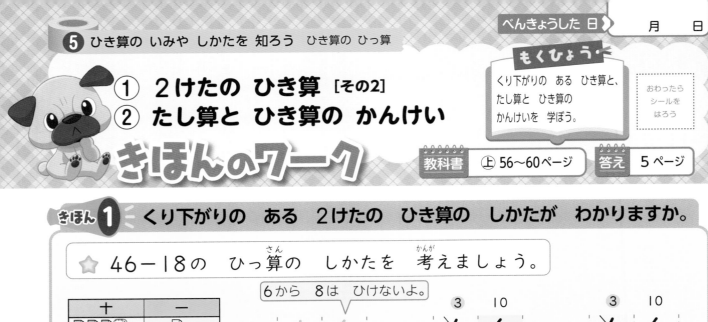

① ２けたの ひき算 ［その２］
② たし算と ひき算の かんけい

きほんのワーク

教科書 ㊤ 56〜60ページ　　答え 5 ページ

もくひょう

くり下がりの ある ひき算と、たし算と ひき算の かんけいを 学ぼう。

おわったら
シールを
はろう

きほん 1　くり下がりの ある ２けたの ひき算の しかたが わかりますか。

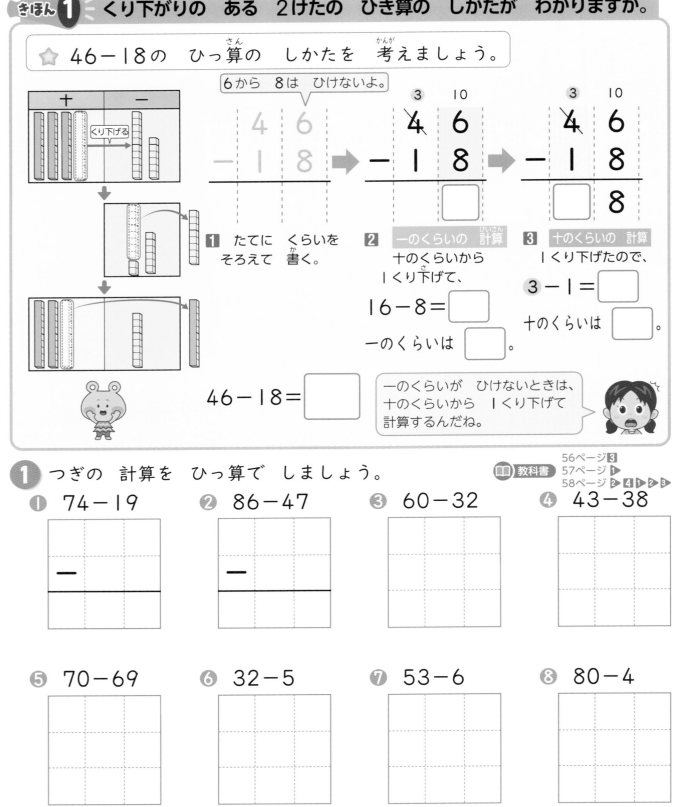

☆ 46−18の ひっ算の しかたを 考えましょう。

6から 8は ひけないよ。

1 たてに くらいを そろえて 書く。

2 一のくらいの 計算
十のくらいから １くり下げて、
16−8＝□
一のくらいは □。

3 十のくらいの 計算
１くり下げたので、
3−1＝□
十のくらいは □。

46−18＝□

一のくらいが ひけないときは、十のくらいから １くり下げて 計算するんだね。

1　つぎの 計算を ひっ算で しましょう。

教科書 56ページ③
57ページ①
58ページ② ④▶①② ③

① 74−19　　② 86−47　　③ 60−32　　④ 43−38

⑤ 70−69　　⑥ 32−5　　⑦ 53−6　　⑧ 80−4

22

さんすうはかせ
「−」の 記ごうは、「ない」や 「ひく」を いみする マイナスの 頭文字 「m」が
へんかして できたと いわれているよ。

☆ つぎの 計算を して、かんけいを しらべましょう。

ひかれる数 (かず)	⋯⋯	5 2	3 5
ひく数	⋯⋯	− 1 7	＋ 1 7
答え (こた)	⋯⋯	☐ ☐	☐ ☐

どんな かんけいに なっている かな。

★たいせつ

ひき算では、答えに ☐ひく数 を たすと、

☐ひかれる数 に なります。

$$52 − 17 = 35$$
ひかれる数　ひく数　　答え

$$35 + 17 = 52$$
答え　　ひく数　ひかれる数

この かんけいを つかって、ひき算の 答えは たし算で たしかめられるね。

② つぎの 計算を しましょう。また、答えの たしかめも しましょう。

📖 教科書 60ページ ▶ ②

❶
　　8 3
− 6 5

[たしかめ]

❷
　　4 2
−　　8

[たしかめ]

③ 校ていで、24人の 子どもが あそんでいました。16人が 教室へ (きょうしつ) もどりました。校ていには、何人 (なんにん) のこっていますか。
　答えの たしかめも しましょう。

📖 教科書 59ページ ❶
60ページ ▶

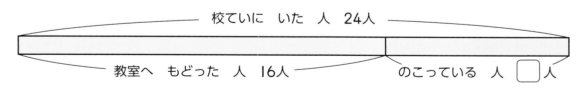
　　　　校ていに いた 人 24人
　教室へ もどった 人 16人　のこっている 人 ☐人

[しき]

答え（　　　　　）

[たしかめ]

おうちのかたへ　くり下がりのある2けたのひき算の筆算のしかたと、たし算とひき算の関係を学習します。くり下がりを忘れる間違いが多く見られますので、小さくメモを書く習慣をつけましょう。

できた 数

／18もん 中

おわったら
シールを
はろう

① ひき算の ひっ算の しかた 63−27の ひっ算の しかたを まとめましょう。

❶ 一のくらいは、十のくらいから

□ くり下げて、□ −7=□

❷ 十のくらいは、□ −2=□　❸ 答えは、□。

```
  6 3
− 2 7
```
□ □

② ひき算の ひっ算 つぎの 計算を ひっ算で しましょう。

❶ 79−56　　❷ 91−28　　❸ 53−44　　❹ 35−7

③ ひき算の しきづくり 答えが 30に なる ひき算の しきを つくります。
つぎの □に あてはまる 数を 書きましょう。

❶ 40−□=30　　　❷ 70−□=30

④ 文しょうだい ぼく場に ヤギと ヒツジが 合わせて 52頭 います。
ヤギは 38頭です。ヒツジは 何頭 いますか。

しき

答え（　　　　　）

ひっ算 □

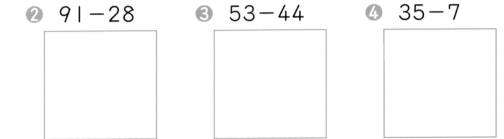

合わせて　52頭
ヤギ　ヒツジ
38頭　[?]頭

チャレンジ！ **⑤ 虫食い算** □に あてはまる 数を 書いて、
右の ひっ算を かんせいさせましょう。

```
  4 [ア]
− 2 9
─────
[イ] 6
```

できるナビ　⑤のような もんだいを 虫食い算と いうよ。一のくらいから じゅんに 考えていこう。
一のくらいの 計算は どうなるかな？

まとめのテスト

とく点

/100点

おわったら
シールを
はろう

時間 **20** 分

教科書 ㊤52〜63ページ 　答え 6 ページ

1 よく出る つぎの　計算を　ひっ算で　しましょう。 1つ10〔40点〕

① 47−23 　　② 65−62 　　③ 34−16 　　④ 82−9

2 つぎの　ひっ算の　まちがいを　見つけ、正しい　答えを　（　）の　中に
書きましょう。 1つ7〔21点〕

①
```
   6 4
 − 2 7
 ─────
   4 7
```
（　　　　）

②
```
   9 3
 −   5
 ─────
   4 3
```
（　　　　）

③
```
   8 7
 − 5 2
 ─────
   2 5
```
（　　　　）

3 つぎの　ひき算の　答えを　たしかめる　たし算の　しきは　どれですか。
右の　㋐から　㋓の　中から　えらびましょう。 1つ5〔15点〕

① 72−41 　　② 43−37 　　③ 25−6

（　　　）　　（　　　）　　（　　　）

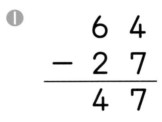
㋐ 19＋6
㋑ 6＋43
㋒ 6＋37
㋓ 31＋41

4 はるかさんたちは、クッキーを　40こ　作りました。 1つ6〔24点〕

① みんなで　クッキーを　18こ　食べました。のこりは　何こですか。

しき

ひっ算

答え（　　　　　　）

② ①の　答えの　たしかめを　しましょう。（　　　　　　　　）

ふろくの　「計算れんしゅうノート」5〜7ページを　やろう！

  チェック ✓
□ ひき算の　ひっ算と、答えの　たしかめが　できたかな？
□ ひき算の　しきを　つくって、答えを　もとめられたかな？

25

① 長さの くらべ方
② 長さの あらわし方

きほんのワーク

もくひょう
長さの はかり方や あらわし方、長さの たんいを 知ろう。

おわったら シールを はろう

教科書 ㊤ 64〜73ページ 答え 6 ページ

きほん ① センチメートル(cm)を つかって 長さを あらわせますか。

⭐ テープの 長さを、工作用紙の 目もりで はかりましょう。

1cm

0 1 2 3 4 5 6 7 8 9 10 11 12 13 14

たいせつ
長さを はかる たんいに センチメートルが あります。
工作用紙の 1目もり分の 長さは、1cmと 書き、1センチメートルと 読みます。

1cm

たんいは、もとに する 大きさの ことだね。

テープの 長さは、1cmが [6] こ分だから、[ ] cmです。

---

1 正しく 長さを はかっているのは どれですか。 📖教科書 69ページ ②

⑦   ⑦   ⑦

( )

2 つぎの ものの 長さは 何cmですか。工作用紙の 1目もり分の
長さは 1cmです。 📖教科書 68ページ 1▶
69ページ 3 4

❶

0 1 2 3 4 5 6 7 8 9 10

( )

❷

0 1 2 3 4 5 6 7 8 9 10

( )

さんすうはかせ 長さの たんいの cmや mmは、多くの 国で つかわれている メートルほうの
たんいなんだ。かさや おもさなども、メートルほうで あらわしているよ。

⭐ ものさしの 左の はしから ㋐、㋑、㋒までの 長さは、どれだけですか。

㋐   ㋑   ㋒ | 1cm | 1mm

たいせつ

1cmを 同じ 長さに、10こに 分けた 1つ分の 長さを、1mmと 書き、1ミリメートルと 読みます。

1mm

1cm = [10] mm

㋐ [　]mm   ㋑ [　]cm [　]mm   ㋒ [　]cm [　]mm

3 つぎの 線の 長さを はかりましょう。　　📖教科書 71ページ ▶2

❶ ＿＿＿＿＿＿＿＿＿　　（　　　　　）

❷ ＿＿＿＿＿＿＿＿＿　　（　　　　　）

4 つぎの □に あてはまる 数を 書きましょう。　　📖教科書 72ページ3▶ 73ページ2

❶ 2cm = [　]mm   ❷ 5cm7mm = [　]mm

❸ 90mm = [　]cm   ❹ 35mm = [　]cm [　]mm

5 つぎの ㋐、㋑では、どちらが 長いですか。　　📖教科書 73ページ3

❶ ㋐ 7cm9mm
　 ㋑ 8cm1mm　　（　　　　）

❷ ㋐ 6cm2mm
　 ㋑ 60mm　　（　　　　）

6 つぎの 長さの 直線を 引きましょう。← まっすぐな 線を 直線と いうよ。　📖教科書 73ページ4

❶ 7cm

引きはじめ
▼┊----------------

❷ 11cm8mm

引きはじめ
▼┊----------------

③ **長さの 計算**

きほんのワーク

もくひょう　長さの 計算の しかたを 学ぼう。

おわったら シールを はろう

教科書　上 74〜75ページ　答え　6 ページ

きほん 1　長さの 計算を することが できますか。

☆ ⑦と ⑦の 線の 長さを くらべましょう。

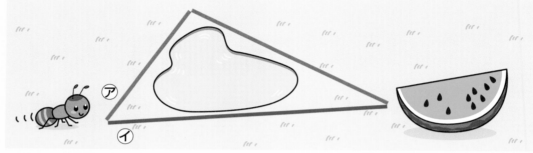

❶ ⑦の 線の 長さは どれだけですか。

$\boxed{3}$ cm $\boxed{7}$ mm + $\boxed{}$ cm $\boxed{}$ mm = $\boxed{?}$ cm $\boxed{?}$ mm

▶上の しきを、あ、いの 考え方で 計算しましょう。

あ たんいを mmに します。

1cm=10mm から 考えよう。

$\boxed{37}$ mm + $\boxed{}$ mm = $\boxed{}$ mm ➡ 答えは $\boxed{}$ cm $\boxed{}$ mm

い たんいを たてに そろえて 計算します。

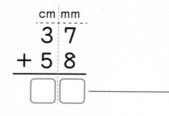

```
  cm mm
   3  7
+  5  8
────────
 □  □
```

同じ たんいの 数どうしを 計算すれば いいんだね。

❷ ⑦と ⑦の 線の 長さの ちがいは どれだけですか。

$\boxed{9}$ cm $\boxed{5}$ mm − $\boxed{}$ cm $\boxed{}$ mm = $\boxed{}$ cm $\boxed{}$ mm

1 つぎの 長さの 計算を しましょう。　　📖教科書 75ページ▶❶❷

❶ 5cm6mm+4mm

❷ 6cm3mm+2cm9mm

❸ 7cm5mm−5mm

❹ 8cm2mm−4cm6mm

おうちのかたへ　長さの計算を学習します。単位をmmにそろえる考え方と、cm・mmの単位ごとに計算するしかたを学びます。同じ単位の数どうしで計算することを、しっかり確認しましょう。

まとめのテスト

教科書 上 64〜78ページ　答え 6ページ

時間 20分

とく点 /100点

おわったら シールを はろう

1 よく出る つぎの テープや 直線の 長さは、何cm何mmですか。
❷は ものさしを つかって はかりましょう。　1つ7〔14点〕

❶ （　　　　）

❷ （　　　　）

2 よく出る つぎの □に あてはまる 数を 書きましょう。　1つ10〔30点〕

❶ 3cm = □ mm

❷ 69mm = □ cm □ mm

❸ 2cm5mm + 4cm3mm = □ cm □ mm

3 つぎの ⑦、⑦では、どちらが 長いですか。　1つ7〔14点〕

❶ ⑦ 9cm2mm
　⑦ 8cm6mm　（　　　　）

❷ ⑦ 115mm
　⑦ 12cm4mm　（　　　　）

4 つぎの □に あてはまる たんいを 書きましょう。　1つ7〔14点〕

❶ 教科書の あつさ 6 □

❷ ノートの よこの 長さ 18 □

5 つぎの テープの 長さに ついて 答えましょう。　1つ7〔28点〕

⑦ [　　　　　　]　⑦ [　　　　]

❶ ⑦と ⑦では、どちらが どれだけ 長いですか。

しき

答え （　　　　　　　　　）

❷ ⑦と ⑦を つなぐと、何cm何mmに なりますか。

しき　　　　　　　答え （　　　　）

チェック ☑ □ ものさしを つかって 長さを はかることが できたかな？
□ 長さの たんいの かんけいや、計算の しかたが わかったかな？

29

図を つかって 計算の しかたを 考えよう [その1]

きほんのワーク

もくひょう
図に あらわして 計算の しかたを 考えよう。

おわったら シールを はろう

教科書　上 79〜83ページ　答え　7ページ

きほん 1　図に あらわして、考えることが できますか。

☆ 赤い 花が 15本、白い 花が 13本 あります。
花は、ぜんぶで 何本 ありますか。

① ⑦から ⑦の じゅんに、図に あらわします。

⑦ 赤い 花が 15本、白い 花が 13本。

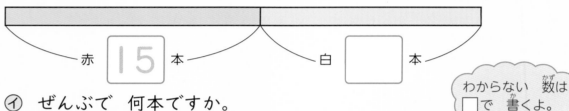

赤　15　本　　白　　本

⑦ ぜんぶで 何本ですか。

わからない 数は □で 書くよ。

ぜんぶ　□本

赤　15本　　白　13本

② しきを 書いて、答えを もとめましょう。

しき　□ ＋ □ ＝ □　　答え　□ 本

　　赤い 花の 数　白い 花の 数　ぜんぶの 数

1 公園で 子どもが 27人 あそんでいました。あとから 8人 来ました。
ぜんぶで 何人に なりましたか。

📖 教科書　79ページ1
　　　　　 80ページ▶2

ぜんぶ　□人

はじめ （　　）人　あとから 来た
　　　　　　　　　（　　）人

しき

答え（　　　　　）

2 リボンが 25cm ありました。そのうち 16cm つかいました。
のこりは 何cmですか。

📖 教科書　81ページ2▶

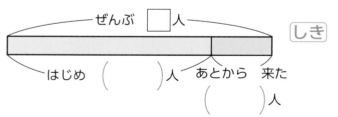

はじめ （　　）cm

つかった （　　）cm　のこり □cm

しき

答え（　　　　　）

さんすうはかせ　上のような 図を テープ図と いうよ。数が 多くなったときや、数の かんけいを
見やすくしたいときに つかうと べんりだね。

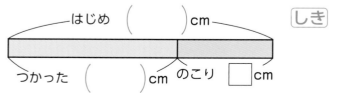

☆ しおひがりで、みゆさんは 貝を 19こ とりました。
お姉（ねえ）さんは、23こ とりました。
ちがいは 何こですか。

何を □に すれば いいかな。

① ⑦から ④の じゅんに、図に あらわします。

⑦ みゆさんは 貝を 19こ とりました。

みゆさん

④ お姉さんは、23こ とりました。

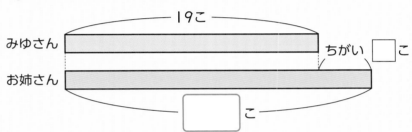

みゆさん　19こ
ちがい □こ
お姉さん
□こ

テープが 2本の 図を かくと、ちがいが わかりやすいね！

② しきを 書いて、答えを もとめましょう。

しき [　　] = [　　]　　**答え** [　　]こ

③ 科学（かがく）かんに、子どもが 21人 います。おとなは、子どもより 7人 多（おお）いそうです。おとなは、何人 いますか。

📖 **教科書** 83ページ ▶

子ども
おとな

（　　）人　（　　）人 多い
□人

しき

答え（　　　　　　）

④ るなさんは、おり紙（がみ）で つるを 34羽（わ） おりました。りくさんは、るなさんより 6羽 少（すく）ないと いっています。りくさんは、何羽 おりましたか。

📖 **教科書** 83ページ ▶

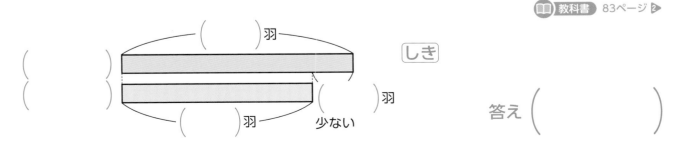

（　　）羽
（　　）
（　　）
（　　）羽
（　　）羽 少ない

しき

答え（　　　　　　）

おうちのかたへ　問題文の場面をテープ図に表して、どんな計算になるかを考え、立式する学習をします。
全部の数と残りの数を求める問題、違い、多い方・少ない方を求める問題を扱っています。

もくひょう
図に あらわして、計算の しかたを 考えよう。

おわったら シールを はろう

図を つかって 計算の しかたを 考えよう [その2]

きほんのワーク

教科書　上84ページ　　答え　7ページ

きほん 1　ちがう しゅるいの ものの もんだいを 考えることが できますか。

☆ 2年1組には 学きゅう文こが あります。ここから、9人の 子どもが 1さつずつ 本を かりました。本は あと 14さつ のこっています。本は、ぜんぶで 何さつ ありますか。

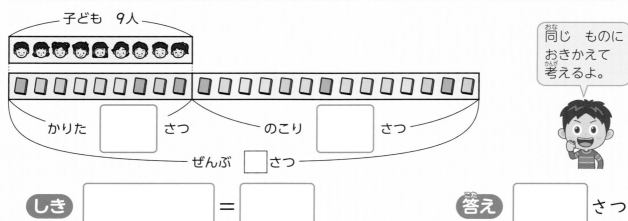

子ども 9人

かりた 　□　 さつ　　のこり 　□　 さつ

ぜんぶ □ さつ

同じ ものに おきかえて 考えるよ。

しき 　□　 = 　□　　　　答え 　□　 さつ

---

1 みんなで 記ねんしゃしんを とりました。7きゃくの いすに 1人ずつ すわり、のこりの 15人は 立って とりました。みんなで、何人で 記ねんしゃしんを とりましたか。

📖 教科書 84ページ 4

しき

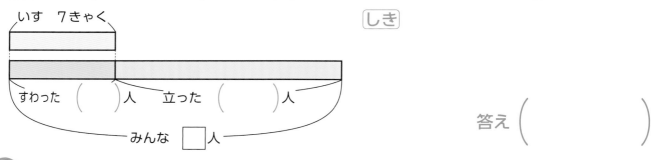

いす 7きゃく

すわった ( ) 人　　立った ( ) 人

みんな □ 人

答え (　　　　　)

---

2 ドーナツが 17こ あります。8まいの ふくろに ドーナツを 1つずつ 入れたとき、のこりの ドーナツは 何こですか。

📖 教科書 84ページ 1

しき

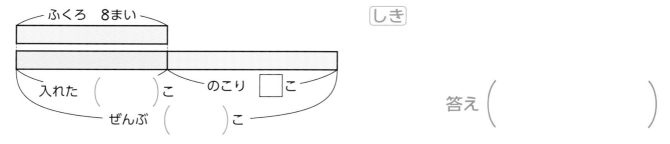

ふくろ 8まい

入れた ( ) こ　　のこり □ こ

ぜんぶ ( ) こ

答え (　　　　　)

おうちのかたへ　違う種類のものの比較を扱った問題を学習します。同じものに置きかえれば、これまでに学習したテープ図で表す問題と同じように考えることができます。

まとめのテスト

時間 **20**分

とく点 /100点

おわったら シールを はろう

1 よく出る 赤い 色紙が 24まい、青い 色紙が 36まい あります。

色紙は、ぜんぶで 何まい ありますか。 1つ8〔40点〕

① つぎの 図の □ に あてはまる ことばを 書きましょう。

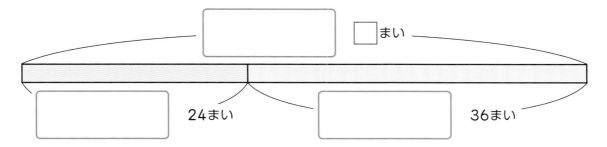

□まい

24まい 36まい

② 答えを もとめる しきと、答えを 書きましょう。

[しき]

答え（　　　　　）

2 よく出る たつやさんは、ビー玉を 32こ もっています。まきさんは、たつやさんより 5こ 少ないと いっています。

まきさんは、何こ もっていますか。 1つ8〔32点〕

右の 図の □ に あてはまる 数を 書いて、答えを もとめましょう。

□こ

たつやさん

まきさん □こ 少ない

□こ

[しき]

答え（　　　　　）

3 1本ずつ たすきを かけた 子どもが 6人 います。たすきは、あと 19本 あります。たすきは、ぜんぶで 何本 ありますか。 1つ7〔28点〕

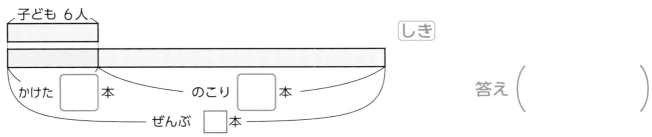

子ども 6人

かけた □本 のこり □本

ぜんぶ □本

[しき]

答え（　　　　　）

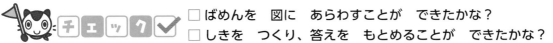

チェック
□ ばめんを 図に あらわすことが できたかな？
□ しきを つくり、答えを もとめることが できたかな？

もくひょう
100より 大きい 数の あらわし方を 学ぼう。

おわったら シールを はろう

① 100より 大きい 数 [その1]

きほんのワーク

教科書 ⊕ 86〜91ページ　答え 8 ページ

きほん **1** 100より 大きい 数の あらわし方が わかりますか。

☆ 色紙は、ぜんぶで 何まい ありますか。

10が 10こで 100 だったね。

100を 3こ あつめた 数を 三百と いいます。

三百と 二十と 四を 合わせた 数を、

数字で ☐ と 書き、

三百二十四 と 読みます。

三百	二十	四
百のくらい	十のくらい	一のくらい
3	2	4

324の 3の ところを、百のくらいと いうよ。

答え 324まい

1 ☐と えんぴつの 数を 数字で 書きましょう。

教科書 89ページ ▶

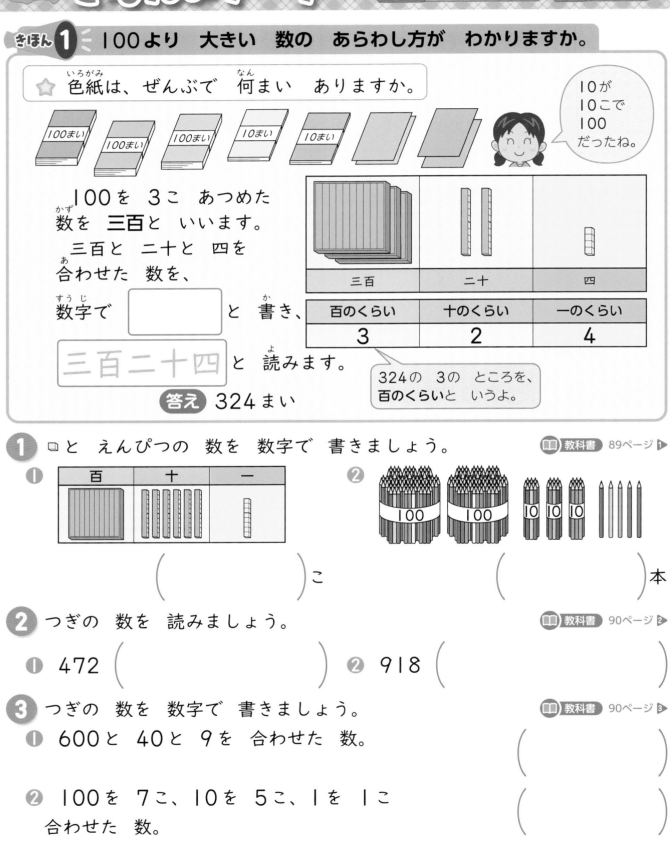

❶
百	十	一

（　　　　　）こ

❷

（　　　　　）本

2 つぎの 数を 読みましょう。

教科書 90ページ ②

❶ 472 （　　　　　）　❷ 918 （

3 つぎの 数を 数字で 書きましょう。

教科書 90ページ ③

❶ 600と 40と 9を 合わせた 数。

（　　　　　）

❷ 100を 7こ、10を 5こ、1を 1こ 合わせた 数。

（　　　　　）

さんすうはかせ　1が 10こ あつまると 「10」と いう まとまりに なり、10が 10こ あつまると 「100」と いう まとまりに なる。このような 数え方を 「十進法」と いうよ。

⭐ ▫は、ぜんぶで 何こ ありますか。

百	十	一

百のくらい	十のくらい	一のくらい

ないときは、0で あらわすよ。

100が 2 こ 10が 0 こ 1が 6 こ

▫の 数は、[　　　] と 書き、 二百六 と 読みます。

答え 206こ

4 ▫は、ぜんぶで 何こ ありますか。　　📖教科書 91ページ▶

❶
百	十	一

300と 40を 合わせた 数。

(　　　　)こ

❷
百	十	一

100を 4こ あつめた 数。

(　　　　)こ

5 つぎの 数を 読みましょう。　　📖教科書 91ページ▶

❶ 180　　　　❷ 603　　　　❸ 500

(　　　)　(　　　)　(　　　)

6 つぎの 数を 数字で 書きましょう。　　📖教科書 91ページ▶

❶ 九百六十　　　❷ 百二　　　❸ 七百

(　　　)　(　　　)　(　　　)

7 つぎの □に あてはまる 数を 書きましょう。　　📖教科書 91ページ▶

❶ 100を 8こと 1を 9こ 合わせた 数は、[　　　　]です。

❷ 570は、100を [　　] こと 10を [　　] こ 合わせた 数です。

おうちのかたへ 百の位を使って3けたの数で表すことを理解しましょう。100がいくつ、10がいくつ、1がいくつで3けたの数が構成されることをおさえます。空位を0で表すことに注意します。

もくひょう

1000までの 数の じゅんじょや しくみを 学ぼう。

おわったら シールを はろう

① 100より 大きい 数 [その2]

きほんのワーク

教科書 ㊤92〜94ページ   答え 8ページ

きほん 1 1000と いう 数や、数の線の 読み方が わかりますか。

☆ □に あてはまる 数を 書きましょう。

□が 100こ

❶ 100を 10こ あつめた 数を、

1000 と 書き、千と 読みます。
←百より 1つ 上の くらいの 数

100が 10こ

❷ 1000より 1 小さい 数は、

□ です。

いちばん 小さい 1目もりは 10を あらわしているね。

❸ ↑の ところの 数を 書きましょう。

0 100 200 300 400 500 600 700 800 900 1000

❹ 上の 数の線で、560を あらわす 目もりに ↑を かきましょう。

1 つぎの □に あてはまる 数を 書きましょう。 📖教科書 93ページ▶

❶ 500 600 □ 800 □ □

❷ □ 790 □ □ 820 830

2 ↑の ところの 数を □に 書きましょう。 📖教科書 93ページ▶▶

680 690 700 710 720 730 740

3 つぎの 数を 書きましょう。 📖教科書 93ページ▶

❶ 600より 200 大きい 数。   ❷ 900より 300 小さい 数。

(   )   (   )

さんすうはかせ 10ごとに くらいが 上がり、よび名が かわる 「十進法」の ほかにも 「二進法」や 「五進法」など いろいろな 数え方が あるんだよ。

⭐ 240は、10を 何こ あつめた 数ですか。

> 百円玉を
> 十円玉に
> おきかえると
> 10こに なるよ。

$$200 \rightarrow 10\text{が} \boxed{20} \text{こ}$$

240

$$40 \rightarrow 10\text{が} \quad 4 \text{こ}$$

$$10\text{が} \boxed{} \text{こ}$$

4 つぎの □に あてはまる 数を 書きましょう。　📖 教科書 94ページ **4** ▷

①
$$300 \rightarrow 10\text{が} \boxed{} \text{こ}$$

380

$$80 \rightarrow 10\text{が} \boxed{} \text{こ}$$

$$10\text{が} \boxed{} \text{こ}$$

② 620は、10を □ こ あつめた 数です。

③ 500は、10を □ こ あつめた 数です。

5 10を 13こ あつめた 数は いくつですか。　📖 教科書 94ページ **1** ▷

10が 13こ

$$10\text{が} 10\text{こ} \rightarrow \boxed{}$$

$$10\text{が} 3\text{こ} \rightarrow \boxed{}$$

$$\boxed{}$$

> 10円玉が 10こで
> 100円に なるね。

6 つぎの 数を 書きましょう。　📖 教科書 94ページ **2** ▷

① 10を 76こ あつめた 数。　　② 10を 40こ あつめた 数。

(　　　　　　　) 　　　　　　　　　　(　　　　　　　)

② 数の 大小
③ たし算と ひき算

きほんのワーク

もくひょう
3けたの 数の 大小や
何十の 計算の
しかたを 学ぼう。

おわったら
シールを
はろう

教科書　⊕ 95〜96ページ　　答え　8 ページ

きほん 1　3けたの 数の 大小が わかりますか。

☆ 数の 大きさを くらべましょう。

❶ □に あてはまる ＞、＜、＝を 書きましょう。

3 ＞ 1　　2 ＝ 2　　1 ＜ 3

3は、1より
大きい。

2は、2と
同じ 大きさ。

1は、3より
小さい。

たいせつ

数の 大小は、＞や ＜を
つかって あらわします。
大きさが 同じときは、＝を
つかいます。

＞　　＜

❷ どちらの 数が 大きいですか。□に あてはまる ＞か ＜を
書きましょう。

376 □ 392

370　380　390　400

376　　392

百の くらい	十の くらい	一の くらい
3	7	6
3	9	2

3と
3で 同じ。

7と 9では、
9の ほうが
大きい。

大きい 数の
大きさは、ひょうや
数の線を つかうと
くらべやすいね。

1 つぎの □に あてはまる ＞か ＜を 書きましょう。　📖教科書 95ページ▶

❶ 689 □ 703

680　690　700　710

❷ 582 □ 569

560　570　580　590

いちばん
大きい
くらいから
じゅんに
くらべるよ。

❸ 853 □ 835

830　840　850　860

❹ 634 □ 638

620　630　640　650

❺ 325 □ 247

❻ 901 □ 910

さんすうはかせ　きみは ラッキー7(セブン)と いう ことばを 聞いたことが あるかな？ 7は
せかいの いろいろな 国で 「聖なる 数字」と して 大切に されているんだって。

☆ つぎの もんだいを 考えましょう。

❶ 40円の えんぴつと、90円の けしゴムを 買います。
合わせて 何円ですか。

しき [　　　　　] = [？]

40＋90は ⑩で 考えると 4＋9＝[　　]

10が
いくつ分に
なるかを
考えよう。

だから、40＋90＝[　　　　　]   答え [　　　　] 円

❷ 120円 もっています。80円の ノートを 買うと、
のこりは 何円に なりますか。

しき [　　　　　] = [？]

120－80は ⑩で 考えると [　　]－8＝[　　]

だから、120－80＝[　　　　　]   答え [　　　　] 円

2 つぎの 計算を しましょう。　　　　📖 教科書 96ページ **1** ▷ **2**

❶ 30＋80

❷ 70＋60

❸ 90＋50

❹ 80＋80

❺ 110－40

❻ 120－30

❼ 150－70

❽ 180－90

おうちのかたへ　不等号を用いた3けたの数の大小の表し方と、何十の計算のしかたを学習します。＞、＜の意味をおさえましょう。何十の計算では、10のまとまりで考えることを身につけます。

れんしゅうのワーク

できた 数

／17もん 中

おわったら シールを はろう

教科書　上 86〜99ページ　答え　9 ページ

1 数の　あらわし方・ならび方　つぎの　□に　あてはまる　数を　書きましょう。

① 847は、100を □ こと 10を □ こと 1を □ こ
合わせた 数です。

② ─ 994 ─ 995 ─ □ ─ □ ─ 998 ─ 999 ─ □ ─

③

| 0 | 100 | 200 | 300 | 400 | 500 | 600 | 700 | 800 | 900 |

□　□　□

2 数の　しくみ　690に　ついて、□に　あてはまる　数を　書きましょう。

① 百の くらいの 6は、□ が 6こ あることを あらわしています。

② 690は、□ と 90を 合わせた 数です。

③ 690は、10を □ こ あつめた 数です。

④ 690は、□ より 10 小さい 数です。

いろいろな
見方が
できるね。

チャレンジ! **3** 3けたの　数の　大小　3けたの　数の　大きさくらべを　しています。
カードの　◆には　シールが　はられています。⑦と　⑦では、どちらの
数が　大きいと　考えられますか。⑦、⑦で　答えましょう。

① ⑦ 4 ◆ 5　⑦ 3 7 6　② ⑦ 5 8 9　⑦ 5 9 ◆

(　　)　(　　)

4 大きい　数の　計算　おり紙が　140まい　あります。みんなで　50まい
つかうと、のこりは　何まいに　なりますか。

しき　　　　答え (　　　　　　)

できるナビ ①③ 数の線の　もんだいでは、いちばん　小さい　1目もりが　いくつか　考えよう。
④ 10まいを　1つ分と　考えて　計算しよう。10まいの　たばが　いくつ分に　なるかな？

まとめのテスト

時間 **20** 分

とく点 /100点

おわったら シールを はろう

教科書 ⑤86〜99ページ　答え 9ページ

1 よく出る 色紙（いろがみ）は、何まい ありますか。　〔10点〕

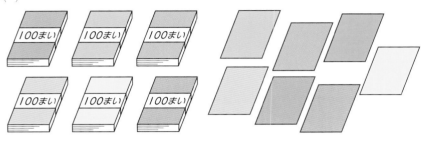

（　　　　　）

2 つぎの □に あてはまる 数を 書きましょう。　1つ10〔40点〕

❶ 100を 5こ、10を 1こ、1を 2こ 合わせた 数は、□ です。

❷ 10を 36こ あつめた 数は、□ です。

❸ 800より 300 小さい 数は、□ です。

❹ 100を 10こ あつめた 数は、□ です。

3 □に あてはまる 数を 書きましょう。　1つ5〔30点〕

❶ 280 — □ — □ — 310 — 320 — □ —

❷
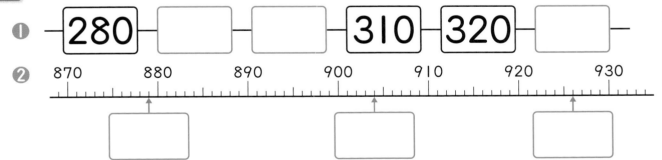

4 つぎの □に あてはまる ＞か ＜を 書きましょう。　1つ5〔10点〕

❶ 734 □ 743

❷ 498 □ 496

5 よく出る つぎの 計算を しましょう。　1つ5〔10点〕

❶ 70＋80

❷ 150−90

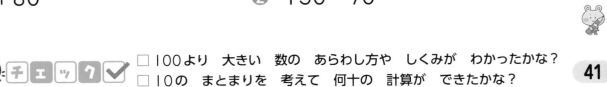

□100より 大きい 数の あらわし方や しくみが わかったかな？
□10の まとまりを 考えて 何十の 計算が できたかな？

41

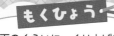

① 答えが 3けたに なる たし算
② 3けたの たし算

もくひょう
百のくらいに くり上げる たし算と、3けたの 数の たし算を 学ぼう。

おわったら シールを はろう

教科書 ㊤ 100〜106ページ　答え 9 ページ

きほん ① 答えが 3けたに なる たし算が できますか。

☆ つぎの たし算の ひっ算の しかたを 考えましょう。

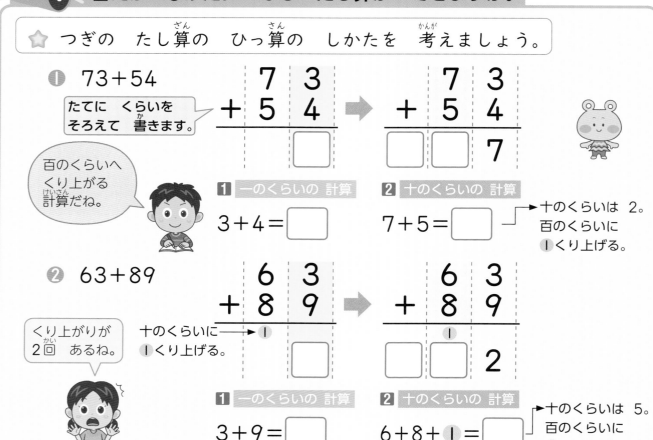

❶ 73+54

たてに くらいを そろえて 書きます。

百のくらいへ くり上がる 計算だね。

1 一のくらいの 計算
3+4=□

2 十のくらいの 計算
7+5=□
→ 十のくらいは 2。百のくらいに ①くり上げる。

❷ 63+89

くり上がりが 2回 あるね。

十のくらいに→①
①くり上げる。

1 一のくらいの 計算
3+9=□

2 十のくらいの 計算
6+8+①=□
→ 十のくらいは 5。百のくらいに ①くり上げる。

1 つぎの 計算を ひっ算で しましょう。

📖 教科書 101ページ**1**・102ページ▶**2** 103ページ**2**・104ページ▶〜**4**

❶ 46+92　　❷ 84+70　　❸ 40+80　　❹ 68+75

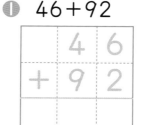
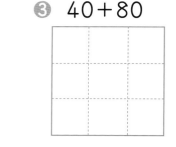
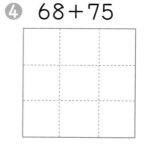

❺ 53+77　　❻ 65+39　　❼ 18+82　　❽ 9+98

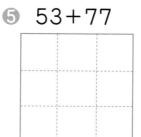
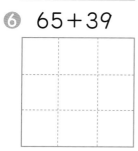

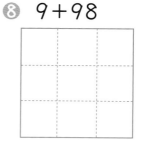

さんすうはかせ　「＋」の 記ごうは、古だいローマの ことばだった ラテン語の 「…と …」を いみする エ(et)が へんかしたものだと いわれているよ。

☆ つぎの 計算の しかたを 考えましょう。

❶ 200+500

▶ 💴で 考えると、

2+5=7で、💴が ⌈7⌉つ分

200+500= ☐

❷ 400+600

▶ 💴が 4+6=10

400+600= ☐

100の たばの いくつ分かな。

❸ 365+29

なぞりましょう。

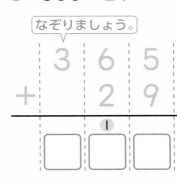

1 一のくらいの 計算

5+9= ☐

十のくらいに ①くり上げる。

2 十のくらいの 計算

6+2+①= ☐

3 百のくらい は ☐ 。

3けたに たす ひっ算も、2けたの ときと 同じように できるね。

考え方
・たてに くらいを そろえて 書きます。
・同じ くらいどうしで 計算を します。
・くり上がりに ちゅういしましょう。

2 つぎの 計算を しましょう。 📖教科書 105ページ**1**▶
❶ 100+800　　❷ 400+200　　❸ 700+300

3 つぎの 計算を ひっ算で しましょう。 📖教科書 106ページ**2**▶～**3**
❶ 483+9　　❷ 632+8　　❸ 547+36

4 子どもが 218人、おとなが 57人 います。
ぜんぶで 何人 いますか。 📖教科書 106ページ▶～**3**

しき　　　　　　　答え（　　　　　　　）

ひっ算

おうちのかたへ 百の位にくり上がりのあるたし算、何百のたし算や3けたの数があるたし算を学習します。（2、3けた）+（1けた）のように、けた数の異なるたし算は間違えやすいので注意しましょう。

43

③ 100より 大きい 数から ひく ひき算
④ 3けたの ひき算

きほんのワーク

教科書 ⊕ 107～113ページ　答え 9 ページ

もくひょう
百のくらいから くり下げる ひき算と、3けたの 数の ひき算を 学ぼう。

おわったら シールを はろう

きほん① 100より 大きい 数から ひく ひき算が できますか。

☆ つぎの ひき算の ひっ算の しかたを 考えましょう。

① 132−54

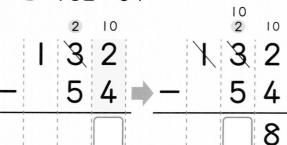

② 103−67

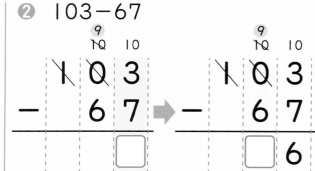

■1 一のくらいの 計算
十のくらいから
1くり下げて、

$12-4=$ □

■2 十のくらいの 計算
2から 5は
ひけないので、
百のくらいから
1くり下げて、

$12-5=$ □

■1 一のくらいの 計算
十のくらいが 0なので、
百のくらいから 十のくらいに
1くり下げる。
さらに、十のくらいから
一のくらいに 1くり下げる。

$13-7=$ □

■2 十のくらいの 計算
十のくらいは
9に なったので、

$9-6=$ □

 ひけないときは、上の くらいから 1くり下げて ひくよ。

① つぎの 計算を ひっ算で しましょう。

📖教科書　107ページ■1・108ページ▶
109ページ■2・110ページ▶■3
111ページ▶

① 176−92

② 108−34

③ 127−80

④ 145−78

⑤ 130−46

⑥ 104−86

⑦ 100−29

⑧ 105−6

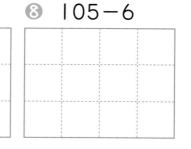 さんすうはかせ　日本では 8は 吉の 数だよ。八の 字が すえひろがりで えんぎの いい 数だと されているんだ。でも えんぎの わるい 数と 思われている 国も あるよ。

☆ つぎの 計算の しかたを 考えましょう。

❶ 600−200

▶ 🪙で 考えると、

6−2=4で、🪙が 4 つ分

600−200= ▢

❷ 1000−400

▶ 🪙で 考えると、

🪙が 10−4= ▢

1000−400= ▢

❸ 463−28

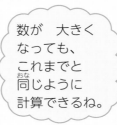

数が 大きく なっても、これまでと 同じように 計算できるね。

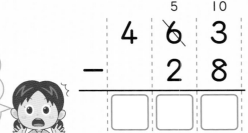

1 一のくらいの 計算
十のくらいから 1くり下げて、
13−8= ▢

2 十のくらいの 計算
5−2= ▢

3 百のくらい は ▢ 。

2 つぎの 計算を しましょう。　📖教科書 112ページ**1**▶**2**

❶ 700−500　　❷ 900−300　　❸ 1000−700

3 つぎの 計算を ひっ算で しましょう。　📖教科書 113ページ**2**▶**3**

❶ 356−9　　❷ 112−3　　❸ 768−43　　❹ 285−37

4 つぎの ひっ算の まちがいを 見つけ、正しい 答えを （ ）の 中に 書きましょう。　📖教科書 113ページ**2**

❶
```
  5 0 9
−   2
  3 0 9
```
（　　　）

❷
```
  4 3 2
−   2 6
  4 1 6
```
（　　　）

おうちのかたへ　百の位からくり下がりのあるひき算、何百のひき算や3けたの数のひき算を学習します。103−67のような十の位が空位である計算に間違いが目立ちますので、注意しましょう。

れんしゅうのワーク

でння た 数

／20もん 中

おわったら
シールを
はろう

教科書 ⊕ 100〜119ページ　　答え 10ページ

1 ひき算の ひっ算の しかた　124−85の ひっ算の しかたを まとめましょう。

❶ 一のくらいは、十のくらいから

[　] くり下げて、[　] −5=[　]

ひっ算

❷ 十のくらいは、百のくらいから

[　] くり下げて、[　] −8=[　]　　❸ 答えは、[　]。

2 大きい 数の ひっ算　つぎの 計算を ひっ算で しましょう。

❶ 81+93　　❷ 52+78　　❸ 67+37　　❹ 476+9

❺ 146−53　　❻ 105−27　　❼ 112−6

3 何百の たし算の しきづくり　答えが 900に なる 何百+何百の
しきを 2つ つくりましょう。

[　] + [　] =900　　　　[　] + [　] =900

4 文しょうだい　りょうさんは、なわとびを きのうは 69回、今日は
74回 とびました。きのうと 今日で、合わせて 何回 とびましたか。

しき

ひっ算

答え (　　　　　)

できるナビ　ひっ算では、くり上げた 数や くり下げた あとの 数を くらいに そろえて
メモするように しよう。まちがいが 少なくなるよ。

まとめのテスト

時間 **20** 分

とく点

/100点

おわったら
シールを
はろう

教科書 ㊤ 100〜119ページ　答え 10ページ

1 よく出る つぎの 計算を ひっ算で しましょう。　1つ10〔40点〕

① 96＋42　② 5＋97　③ 141−42　④ 240−35

2 つぎの ひっ算の まちがいを 見つけ、正しい 答えを （ ）の 中に 書きましょう。　1つ10〔20点〕

①
```
  3 1 8
＋   7 4
  3 8 2
```
（　　　　　）

②
```
  1 0 3
−   6 7
    4 6
```
（　　　　　）

3 カードを、ゆいとさんは 53まい、お兄さんは 68まい もっています。
ゆいとさんと お兄さんの カードを 合わせると、何まいですか。　1つ5〔15点〕

しき

ひっ算

答え（　　　　　　　　）

4 かえでさんたちは、今月、あきかんを 79こ、ペットボトルを 106こ ひろいました。ひろった 数は、どちらが 何こ 多いですか。　1つ5〔15点〕

しき

ひっ算

答え（＿＿＿＿＿＿＿＿ が ＿＿＿＿ こ 多い。）

5 ゆいさんは 百円玉を 10まい もっています。500円の レターセットを 買うと、のこりは いくらに なりますか。　1つ5〔10点〕

しき

答え（　　　　　　　　）

ふろくの 「計算れんしゅうノート」9・12〜17ページを やろう！

 チェック ☑ □ 大きい 数の たし算や ひき算が ひっ算で できたかな？
□ 100の まとまりで 考えて、何百の 計算が できたかな？

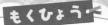

① かさの くらべ方
② かさの あらわし方 ［その1］

もくひょう
かさの たんい
L、dLを 知り、かさを
あらわせるように しよう。

おわったら
シールを
はろう

きほんのワーク

教科書 ㊤ 122〜128ページ　答え 10ページ

きほん 1　リットルを つかって かさを あらわせますか。

☆ バケツに 入っていた 水の かさを **ますで** はかりました。

1L の
何ばい分かな。

たいせつ

かさを あらわす たんいに、

| リットル | が あります。

なぞり
ましょう。

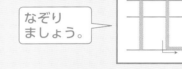

1リットルを 1Lと
書きます。

1Lます

かさは、ますの
何ばい分かで
あらわすよ。

バケツに 入っていた 水の かさは、1L ますの 4はい分だから、

☐ Lです。

1 水の かさを 1Lますで はかりました。何Lですか。

教科書 124ページ**1**
125ページ**1▶2**

❶
ポット

☐ L

❷
やかん

☐ L

❸
バケツ

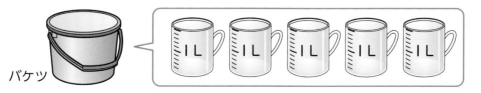

☐ L

 1dLの 「d(デシ)」は、「10こに 分けた 1つ分」と いう いみだよ(あとで べんきょう
する 分数の あらわし方で 10分の1と いうよ)。1dLは 1Lの 10分の1だよ。

☆　水とうに　入って
いた　水の　かさを
しらべましょう。

1Lと、1L
より　少ない
かさだね。

たいせつ

・　1Lより　少ない　かさを　はかるには、

1　デシリットル　ますを　つかいます。

水とうの　水の　かさ

・　1デシリットルは、1Lを　同じように
10こに　分けた　1こ分の　かさです。
1デシリットルを、**1dL**と　書きます。
dLも　かさの　たんいです。

1L＝10dL

水とうに　入っていた　水の　かさは、□L□dLです。

---

2 水の　かさは、何L何dLですか。

125ページ **2**
教科書 126ページ **1**〜**3**
127ページ **4**

❶ □L□dL

❷ 1目もりの
かさは
□dL

□L□dL

---

3 大きな　ますに　入っている、水の　かさを　しらべましょう。 教科書 127ページ **3**

❶ 2Lと、小さい　目もり
3こで、□L□dL。

❷ 2L＝□dLだから、

3dLと　合わせて、□dL。

3L
2L
1L
0

---

4 つぎの　□に　あてはまる　数を　書きましょう。 教科書 127ページ **1**
128ページ **2**

❶ 3L6dL＝□dL

❷ 47dL＝□L□dL

---

5 つぎの　□に　あてはまる　＞、＜、＝を　書きましょう。 教科書 128ページ **3**

❶ 2L9dL□20dL

❷ 58dL□5L8dL

おうちのかたへ　水などのかさは、ますではかることを知り、単位を使って表す学習をします。LとdLの意味
と表し方や、1L＝10dLの関係と単位換算のしかた、かさの比べ方などを理解します。

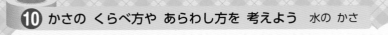

② かさの あらわし方 [その2]
③ かさの 計算

もくひょう
mLの たんいや、かさの 計算の しかたを 知ろう。

おわったら シールを はろう

きほんのワーク

教科書 ⊥ 129〜130ページ　答え 11ページ

きほん ①　ミリリットルを つかった かさの あらわし方が わかりますか。

☆ びんに 入っていた 水の かさを しらべましょう。

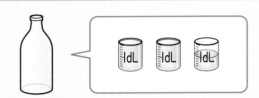

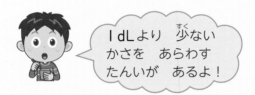
1dLより 少ない かさを あらわす たんいが あるよ!

たいせつ

Lや dLより 少ない かさを あらわす たんいに、

ミリリットル が あります。

1ミリリットルを **1mL**と 書きます。

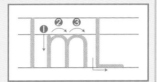

1L= **1000** mL　　1dL= **100** mL

---

1 1000mLパックに 入っている ジュースの かさを しらべます。　📖教科書 129ページ ▷

① 1Lますで はかると、何ばい分に なりますか。
（　　　　　　）ぱい分

② 1dLますで はかると、何ばい分に なりますか。
（　　　　　　）ぱい分

2 （　）に あてはまる かさの たんいを 書きましょう。　📖教科書 129ページ ②

① びんに 入った 牛にゅう　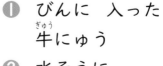 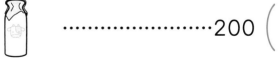…………………………200（　　　　）

② 水そうに 入った 水　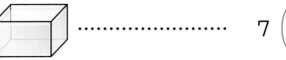…………………… 7（　　　　）

③ 目ぐすり　…………………… 10（　　　　）

ふさわしい たんいを 書こう。

さんすうはかせ　1mLの 「m（ミリ）」は、「1000こに 分けた 1つ分（1000分の1）」と いう いみだよ。
長さを あらわす ミリメートルの m（ミリ）も、同じように 1000分の1と いう いみだよ。

きほん2 かさの 計算の しかたが わかりますか。

⭐ 水が やかんに 2L6dL、
ペットボトルに 1L2dL
入っています。

❶ 水は 合わせて 何L何dLに なりますか。しきを 書きましょう。

しき | 2L6dL | + | [　　　] |

❷ ❶の しきを、㋐、㋑の 考え方で 計算しましょう。

㋐ たんいを dL に します。

1L=10dL から 考えよう。

26 dL + [　] dL = [　] dL ➡ 答えは [　] L [　] dL

㋑ たんいを
そろえて
計算します。

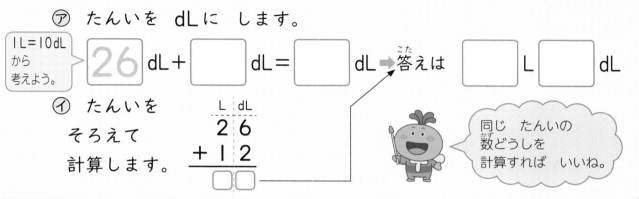

```
  L dL
  2 6
+ 1 2
─────
[ ][ ]
```

同じ たんいの 数どうしを 計算すれば いいね。

---

❸ きほん2 に ついて 答えましょう。　　　　　📖 教科書 130ページ 1

❶ 水の かさの ちがいは どれだけですか。しきを 書きましょう。

しき

❷ ちがいを、きほん2 の ㋐、㋑の 考え方で もとめましょう。

㋐ [　] dL − [　] dL = [　] dL

㋑
```
  L dL
  2 6
−[ ][ ]
─────
[ ][ ]
```
➡ [　] L [　] dL

---

❹ つぎの 計算を しましょう。　　　　　📖 教科書 130ページ ▶

❶ 4L2dL+1L7dL　　　　❷ 3L+5L1dL

❸ 1L8dL+2L4dL　　　　❹ 7L9dL−3L6dL

❺ 8L2dL−4L5dL　　　　❻ 5L−2L3dL

おうちのかたへ　mL（ミリリットル）の意味と表し方を理解します。L、dL、mLの単位の関係をおさえましょう。かさの計算は、長さと同様に、同じ単位の数どうしで計算すればよいことを学習します。

51

れんしゅうのワーク

教科書 ⊕ 122〜133ページ　答え 11ページ

できた 数

／10もん 中

おわったら
シールを
はろう

---

1 かさの 大きさ　つぎの 入れものに 入る 水の かさを はかるには、1Lますと 1dLますの どちらを つかう方が よいですか。

① ポット

（　　　　　　　）

② プリンカップ

（　　　　　　　）

2 かさの 計算　つぎの 計算を しましょう。

① 1L2dL＋6L4dL

② 9dL＋1L8dL

③ 7L3dL－3dL

④ 1L－6dL

3 かさを しらべる　ゆうなさんと けんじさんと みほさんは、いろいろな 入れものに 入る 水の かさを しらべました。

わたしのは
オレンジジュースの
入れものだよ。

ゆうなさん

けんじさん

ぼくのは
グレープジュースの
入れものだよ。

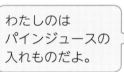

わたしのは
パインジュースの
入れものだよ。

みほさん

① みほさんが もっている 入れものに 入る 水の かさは、何L何dLですか。また、何dLですか。

（　　　L　　　dL）（　　　　　dL）

② 3人の もっている 入れものに 入る 水の かさが 多い じゅんに、名前を 書きましょう。

（　　　　　　➡　　　　　　➡　　　　　　）

③ ゆうなさんと みほさんの 入れものに 入る 水の かさを 合わせると、何Lに なりますか。

（　　　　　　）

できるナビ　1Lますは 1dLますの 10ぱい分で、1L＝10dLだね。
かさを たしたり ひいたりするときは、同じ たんいの 数どうしを 計算するよ！

まとめのテスト

教科書 ⊥ 122〜133ページ｜答え 11ページ

1 よく出る 水の　かさは、何L何dLですか。　1つ10〔20点〕

①

②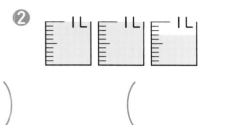

（　　　　　　　）　　　（　　　　　　　）

2 よく出る つぎの □に　あてはまる　数を　書きましょう。　1つ10〔30点〕

① 4L＝□dL　② 1L＝□mL　③ 8dL＝□mL

3 つぎの □に　あてはまる　＞、＜、＝を　書きましょう。　1つ6〔12点〕

① 52dL □ 5L1dL　　② 300mL □ 3dL

4 （　）に　あてはまる　かさの　たんいを　書きましょう。　1つ6〔18点〕

① バケツに　入った　水　　‥‥‥‥‥‥‥‥‥　6（　　　）

② コップに　入った　水　‥‥‥‥‥‥‥‥180（　　　）

③ 水とうに　入った　水　　‥‥‥‥‥‥‥‥　5（　　　）

5 お茶が　赤い　水とうに　2L3dL、青い　水とうに　1L9dL
入っています。　1つ5〔20点〕

① 合わせると、何L何dLに　なりますか。

しき　　　　　　　　　　　　　　　　答え（　　　　　　　）

② ちがいは、どれだけですか。

しき　　　　　　　　　　　　　　　　答え（　　　　　　　）

ふろくの 「計算れんしゅうノート」10ページを やろう！

 □ かさの　たんいの　かんけいが　わかったかな？
□ かさの　計算が　できたかな？

① 三角形と 四角形

きほんのワーク

もくひょう
三角形と 四角形が
どんな 形なのかを
知ろう。

おわったら
シールを
はろう

教科書　上 134〜139ページ　　答え　11ページ

きほん❶　三角形と 四角形が わかりますか。

☆ ⑦、⑦の 形を 何と いいますか。

何本の 直線で
かこまれて
いるかな？

たいせつ

・ 3 本の 直線で かこまれた 形を **三角形** と いいます。

・ 4 本の 直線で かこまれた 形を **四角形** と いいます。

⑦…[　　　]　　　⑦…[　　　]

直線の 数で なかま分け
できるんだね。

❶ 三角形と 四角形を 3つずつ えらんで、⑦〜⑪で 答えましょう。

📖教科書 137ページ❷

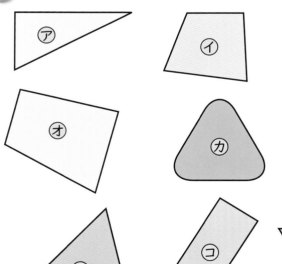

直線が つながって
いない 形や、
まがった 線の
ある 形は、
三角形や 四角形とは
いえないよ。

三角形…(　　)(　　)(　　)　　　四角形…(　　)(　　)(　　)

さんすうはかせ　三角形は 3本の 直線で かこまれた 形、4本だと 四角形と いうよ。
同じように、16本なら 十六角形、20本なら 二十角形と いうんだ。

きほん 2　へんと　ちょう点が　わかりますか。

☆　三角形と　四角形の　へんと　ちょう点を　しらべましょう。

たいせつ

・三角形や　四角形の　まわりの　直線を　**へん**と　いい、かどの　点を　**ちょう点**と　いいます。

まわりの
← ひとつひとつの
直線

へんと　へんで
← できる
かどの　点

・三角形には　へんが　□　本、ちょう点が　□　こ　あります。

・四角形には　へんが　□　本、ちょう点が　□　こ　あります。

2　点と　点を　直線で　むすんで、いろいろな　三角形や　四角形を　かきましょう。

📖 教科書　138ページ 1 2

（点のグリッド）

3　三角形に　１本の　直線を　引いて、２つの　形を　作ります。三角形と　四角形が　１つずつ　できる　引き方を、（れい）のように　かきましょう。

📖 教科書　139ページ 3

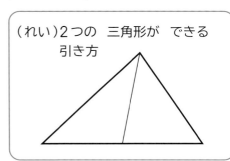

（れい）2つの　三角形が　できる　引き方

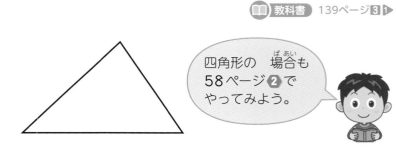

四角形の　場合も　58ページ 2 で　やってみよう。

おうちのかたへ　三角形と四角形を学習します。何本の直線で囲まれているかによって、呼び名が変わることに着目しましょう。また、図形を分割することで、新たな図形を作れることを発見します。

55

② **直角**　③ **長方形と 正方形**
④ **直角三角形**　⑤ **もよう作り**

もくひょう

長方形、正方形、
直角三角形を 知ろう。

おわったら
シールを
はろう

きほんのワーク

教科書 ⊕ 140～146ページ　　答え 11ページ

きほん 1　長方形と 正方形が わかりますか。

☆　⑦、⑦の四角形を 何と いいますか。

たいせつ

右のように 紙を
おって できた
かどの 形を、
直角と いいます。

たいせつ

・4つの かどが すべて 直角に なっている
　四角形を、| ちょうほうけい
　　　　　　　長方形 | と いいます。

同じ
長さ

同じ 長さ

長方形の
むかい合って
いる へんの
長さは 同じ。

・4つの かどが すべて 直角で、4つの
　へんの 長さが すべて 同じに なっている
　四角形を、| せいほうけい
　　　　　　　正方形 | と いいます。

同じ
長さ

⑦…□　　　⑦…□

---

1 直角を 2つ えらんで、⑦～⑤で 答えましょう。

教科書 140ページ ▶2
141ページ 2▶

三角じょうぎを つかって
しらべよう。

（　）（　）

---

2 長方形は どれですか。⑦～⑤で 答えましょう。

教科書 143ページ 2▶3

（　）（　）

---

3 正方形は どれですか。⑦～⑤で 答えましょう。

 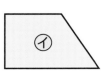

教科書 144ページ 1▶2

（　）（　）

さんすうはかせ　コップや グラスの のみ口は、どうして まるいのかな？　四角や 三角の
コップだと、のむときに 口の よこから 水が こぼれてしまうよね。

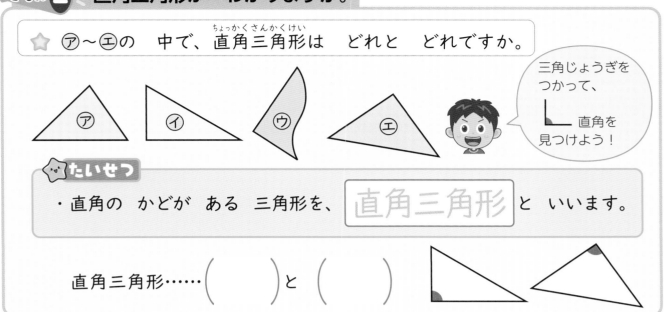

☆ ⑦～⑨の 中で、直角三角形は どれと どれですか。

三角じょうぎを つかって、└ 直角を 見つけよう！

たいせつ

・直角の かどが ある 三角形を、直角三角形 と いいます。

直角三角形……（　　　）と（　　　）

---

4 下の 図のような 形の 紙を 切り、2つの 直角三角形を 作ります。切り方を、直線で かきましょう。

📖教科書 145ページ**1**▶

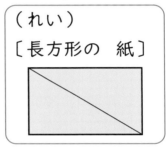

（れい）
〔長方形の 紙〕

❶〔正方形の 紙〕

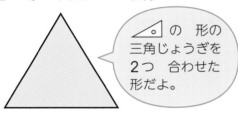

❷〔三角形の 紙〕

◢ の 形の 三角じょうぎを 2つ 合わせた 形だよ。

---

5 下の ほうがん紙に つぎの 形を かきましょう。

📖教科書 144ページ**3**
145ページ**2**

❶ へんの 長さが、2cmと 4cmの 長方形。

❷ 1つの へんの 長さが、3cmの 正方形。

❸ 4cmと 5cmの へんの 間に 直角の かどが ある 直角三角形。

1cm

1cm

おうちのかたへ 直角の意味を知り、長方形、正方形、直角三角形を学習します。紙を折る、切るなどの作業を行うことで、図形に親しみ、図形の性質を自然に体得しましょう。

れんしゅうのワーク

1 へんと ちょう点　つぎの □に あてはまる ことばや 数を 書きましょう。

❶

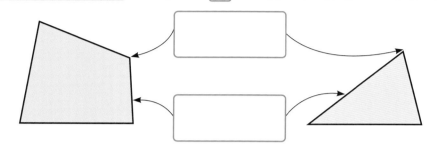

三角形と 四角形に
ついて まとめよう。

❷ 三角形には へんが □ 本、ちょう点が □ こ あります。

❸ 四角形には へんが □ 本、ちょう点が □ こ あります。

2 直線を 引いて できる 形　下の 四角形に 直線を 1本 引いて、つぎの 形を 作りましょう。

❶ 2つの 三角形

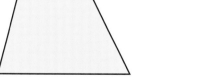

❷ 2つの 四角形

❸ 三角形と 四角形

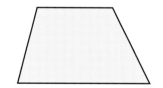

3 長方形　右の 四角形は 長方形です。

❶ 直角の かどに ○を かきましょう。

❷ ⑦の へんの 長さは
何cmですか。　（　　　　　）

❸ 直線を 1本 引いて、2つの
正方形を 作りましょう。

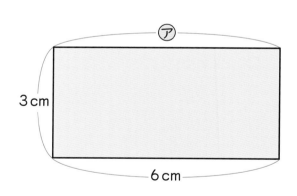

⑦

3cm

6cm

4 チャレンジ！　もよう作り・正方形と 直角三角形　右の もようの 中に、
正方形と 直角三角形は それぞれ 何こ ありますか。

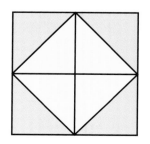

●正方形…（　　　　　）　　●直角三角形…（　　　　　）

できるナビ　長方形は、4つの かどが すべて 直角。むかい合っている へんの 長さは 同じだね。
正方形は、4つの かどが すべて 直角で、4つの へんの 長さが すべて 同じ。

まとめのテスト

教科書 ㊤134～149ページ　答え 12ページ

時間 **20** 分

とく点

/100点

おわったら
シールを
はろう

1 つぎの 形を 何と いいますか。

1つ10〔30点〕

① 4つの かどが、すべて 直角に なっている
四角形。　　　　　　　　　　　　　　　（　　　　　　）

② 直角の かどが ある 三角形。　　　（　　　　　　）

③ 4つの かどが すべて 直角で、4つの へんの
長さが すべて 同じに なっている 四角形。（　　　　　　）

2 よく出る 正方形と 直角三角形は どれですか。㋐～㋘で 答えましょう。

1つ12〔36点〕

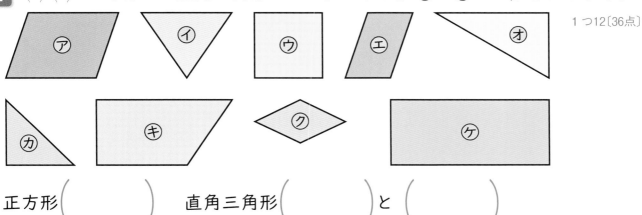

正方形（　　　　　　）　　直角三角形（　　　　　　）と（　　　　　　）

3 下の 方がん紙に、つぎの 形を かきましょう。

❶❷1つ12、❸10〔34点〕

① へんの 長さが、4cmと 3cmの 長方形。

② 1つの へんの 長さが、2cmの 正方形。

③ 3cmと 5cmの へんの 間に 直角の かどが ある 直角三角形。

1cm

1cm

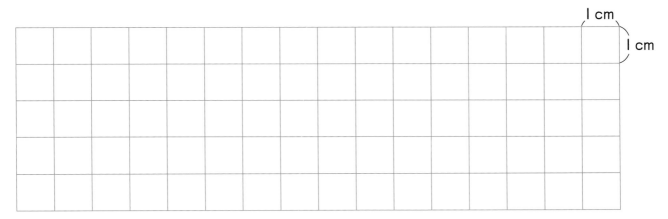

 チェック ✓　□三角形と 四角形の とくちょうが わかったかな？
　　　　　　　　　　　　　　□長方形、正方形、直角三角形の とくちょうが わかったかな？

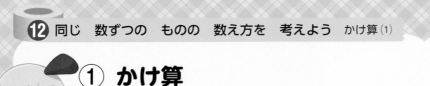
① かけ算
② かけ算と ばい

きほんのワーク

もくひょう
かけ算の しきで 書くことや、何ばいの いみを 学ぼう。

おわったら シールを はろう

教科書　下 2～10ページ　　答え 12ページ

きほん ❶　かけ算の しきで あらわすことが できますか。

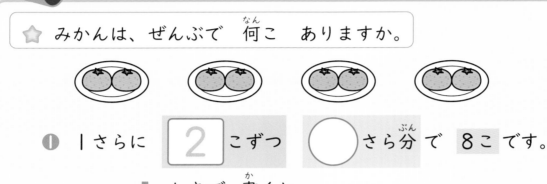

☆ みかんは、ぜんぶで 何こ ありますか。

❶ 1さらに 2 こずつ ◯ さら分で 8こ です。

⬇ しきで 書くと、

二 かける 四 は 八
□ × ◯ = 8

1つ分の 数　いくつ分　ぜんぶの 数

このような 計算を **かけ算**と いうよ。

❷ 2×4の 答えは、2+2+□+□ の 答えと 同じです。

❶ かけ算の しきで 書きましょう。

教科書　5ページ❶
7ページ❷▶

❶

❷

ぜんぶの 数を あらわす しきは？

□ × □ = □

□ × □ = □

❷ かけ算の しきに あらわして、ぜんぶの 数を もとめましょう。

❶ せっけんが 3はこ

8こ
8こ
8こ

しき

教科書　8ページ❸▶
9ページ❹▶

□ × □ = □　答え（　　　）

❷ 2つの しきで あらわしましょう。

しき1

しき2

答え（　　　）

さんすうはかせ　「×」の 記ごうは、イギリスの 数学しゃ オートレッドが つかいはじめたと いわれて いるよ。キリスト教の 十字かを ななめに したとも いわれているんだ。

☆ 4cm の テープが あります。

❶ この テープの 1こ分、2こ分の 長さは、何cmですか。

1こ分　4cm

2こ分　4cm　4cm

答え

$4 \times 1 = 4 \rightarrow 4$ cm

$4 \times \boxed{2} = \boxed{} \rightarrow \boxed{}$ cm

ある数の 1こ分、2こ分の ことを、
ある数の 1ばい、2ばいとも いうよ。

答えは、4+4で
もとめられるね。

❷ この テープを 3こ分 つなげました。

4cm

ぜんぶの 長さは、1こ分の 長さ 4cmの $\boxed{}$ ばいです。

▶ぜんぶの 長さは 何cmですか。

かけ算の しきに
書こう。

しき $\boxed{4} \times \boxed{} = \boxed{}$
1こ分の 長さ

答え $\boxed{}$ cm

❸ つぎの テープの 長さは、$\boxed{}$の テープの 長さの 何ばいですか。

📖**教科書** 10ページ**1**

❶

❷

(　　　　　　　　)　　　　　　　(　　　　　　　　)

❹ 高さが 3cmの つみ木を 4こ分 つみました。
ぜんぶの 高さは、1こ分の 高さの 何ばいですか。
また、ぜんぶの 高さは 何cmですか。　📖**教科書** 10ページ▶

・何ばい (　　　　　　　　)

・ぜんぶの 高さ **しき**　　　　　　　　　答え (　　　　　　　　)

おうちのかたへ かけ算の意味やかけ算の式に表すこと、「倍」について学習します。
（1つ分の数）×（いくつ分）＝（全部の数）になることをしっかりとおさえましょう。

③ 5のだんの 九九
④ 2のだんの 九九

きほんのワーク

もくひょう
5のだんと 2のだんの 九九を 考え、おぼえて つかえるように しよう。

おわったら シールを はろう

教科書　下 11〜14ページ　　答え　12ページ

きほん 1　5のだんの 九九を 考えることが できますか。

☆ りんごが 1ふくろに 5こずつ 入っています。りんごの 数を、1ふくろ分から じゅんに 5ふくろ分まで しらべましょう。

1つ分の 数	いくつ分	ぜんぶの 数

1ふくろ分では 何こ？　→　5 × 1 ＝ 5

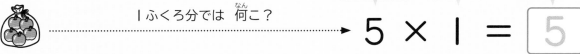 →　5 × ② ＝ ⬜

 →　5 × ◯ ＝ ⬜

 →　5 × ◯ ＝ ⬜

 →　5 × ◯ ＝ ⬜

1ふくろ ふえるごとに 5こずつ ふえているね。

---

1 ☆で、6ふくろ分から 9ふくろ分まで しらべましょう。　📖教科書 11ページ 1・12ページ 2

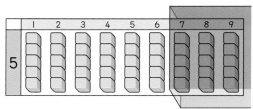

● 5×6＝⬜

② 5×7＝⬜

③ 5×8＝⬜

④ 5×9＝⬜

5×2＝10を、「五二 10」と いって おぼえるよ。
このような いい方を、九九と いうよ。

5のだんの 九九

五一が	ごいちが	5
五二	ごに	10
五三	ごさん	15
五四	ごし	20
五五	ごご	25
五六	ごろく	30
五七	ごしち	35
五八	ごは	40
五九	ごっく	45

2 あめを 1人に 5こずつ 3人に あげるには、ぜんぶで 何こ いりますか。
　📖教科書 12ページ 2・3

しき　　　　　　　　　　　　答え（　　　　　　　）

 さんすうはかせ　九九には 「二二が 4」のように、間に 「が」を 入れるときと 入れないときが あるよね。「が」を 入れるのは 答えが 1けたの ときだよ。

☆　ドーナツが　1さらに　2こずつ　のっています。ドーナツの　数を、
1さら分から　じゅんに　5さら分まで　しらべましょう。

1つ分の 数	いくつ分	ぜんぶの 数

1さら分では　何こ？ → 2 × 1 = ☐

→ 2 × ◯ = ☐

→ 2 × ◯ = ☐

→ 2 × ◯ = ☐

→ 2 × ◯ = ☐

1さら　ふえるごとに　2こずつ　ふえているね。

❸　☆で、6さら分から　9さら分までの　ドーナツの
数を　もとめましょう。

📖教科書　13ページ1
14ページ2▶

① 2×6= ☐　　② 2×7= ☐

③ 2×8= ☐

④ 2×9= ☐

2こずつ　ふえる
ことを　つかって
考えよう。

ほかの　だんの　九九も
同じように　考えることが
できそうだね。

2のだんの 九九

に いち 二一が	に 2
に にん 二二が	し 4
に さん 二三が	ろく 6
に し 二四が	はち 8
に ご 二五	じゅう 10
に ろく 二六	じゅうに 12
に しち 二七	じゅうし 14
に はち 二八	じゅうろく 16
に く 二九	じゅうはち 18

❹　ゴーカートに　2人ずつ　のっています。ゴーカートは　5台
あります。ぜんぶで　何人　のっていますか。

📖教科書　14ページ2

しき　　　　　　　　　　　　　　答え（　　　　　　　）

❺　もんだいしゅうを　1日に　2ページずつ　します。
8日間では、何ページ　することに　なりますか。

📖教科書　14ページ3

しき　　　　　　　　　　　　　　答え（　　　　　　　）

おうちのかたへ　　5の段、2の段の九九を学習します。かけ算の場面を通じて、5の段、2の段の九九を考え、
覚えます。九九を何回も声に出して練習することで、しっかり覚えましょう。

⑤ 3のだんの 九九
⑥ 4のだんの 九九

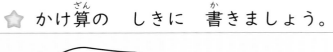

もくひょう・
3のだんと 4だんの
九九を おぼえて、
つかえるように しよう。

おわったら
シールを
はろう

教科書　下 15〜18ページ　答え 13ページ

きほん **1**　3のだんの 九九が わかりますか。

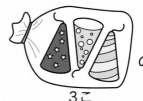

☆ かけ算の しきに 書きましょう。

の 5ふくろ分

3こ

ぜんぶで
何こ？ ☐ × ☐ = ☐

1つ分の 数　いくつ分　ぜんぶの 数

ふくろが 1ふくろ
ふえると、
クラッカーの 数は
☐ こ ふえます。

3×5

3×6

3のだんの 九九		
3×1=　3	三一が	3
3×2=　6	三二が	6
3×3=　9	三三が	9
3×4= 12	三四	12
3×5= 15	三五	15
3×6= 18	三六	18
3×7= 21	三七	21
3×8= 24	三八	24
3×9= 27	三九	27

たいせつ
3×5の しきで、
3を **かけられる数**、
5を **かける数** とも いいます。

---

1 かけ算を しましょう。　　　　　教科書 15ページ1 16ページ2

① 3×8　　　② 3×1　　　③ 3×7

④ 3×2　　　⑤ 3×4　　　⑥ 3×9

⑦ 3×6　　　⑧ 3×3　　　⑨ 3×5

2 1まい 3円の 切手を 7まい 買うと、ぜんぶで 何円に なりますか。

しき　　　　　　　　　答え（　　　　　）　教科書 16ページ2

3 にんじんが 1ふくろに 3本ずつ 入っています。　教科書 16ページ3
4ふくろでは、にんじんは 何本に なりますか。

しき　　　　　　　　　答え（　　　　　）

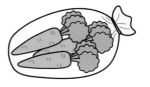

九九は むかし、中国から つたえられたよ。中国から つたわったときに
九九81から となえたから、「九九」と いわれるように なったんだ。

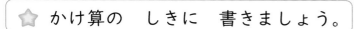

☆ かけ算の しきに 書きましょう。

 の 3グループ分

4人

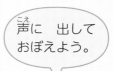
声に 出して
おぼえよう。

ぜんぶで
何人？
□ × □ = □

1つ分の 数　いくつ分　ぜんぶの 数

4のだんの 九九は、
かける数が
1ふえると、答えは
□ ずつ ふえます。

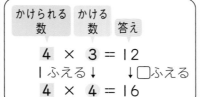
かけられる 数	かける 数	答え
4 × 3 = 12
1ふえる↓　　↓□ふえる
4 × 4 = 16

4のだんの 九九
4×1= 4	四一が 4
4×2= 8	四二が 8
4×3= 12	四三 12
4×4= 16	四四 16
4×5= 20	四五 20
4×6= 24	四六 24
4×7= 28	四七 28
4×8= 32	四八 32
4×9= 36	四九 36

❹ かけ算を しましょう。　　　　📖教科書 17ページ1 18ページ2▶

① 4×2　　　② 4×5　　　③ 4×8

④ 4×6　　　⑤ 4×3　　　⑥ 4×9

⑦ 4×4　　　⑧ 4×7　　　⑨ 4×1

❺ 1はこに ケーキを 4こずつ 入れた ものを、5はこ つくります。
① ケーキは 何こ いりますか。　　　📖教科書 17ページ1 18ページ2

しき　　　　　　　　　　答え（　　　　　　）

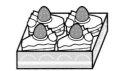

② はこが 1つ ふえると、ケーキは 何こ ふえますか。

（　　　　　　）

❻ 水が 4Lずつ 入っている バケツが、8こ あります。
水は、ぜんぶで 何L ありますか。　　　📖教科書 18ページ3

しき　　　　　　　　　　　答え（　　　　　　）

 おうちのかたへ　3の段、4の段の九九も、これまでに学習した九九と同じように考えることができます。また、かける数が1増えると、答えはかけられる数だけ増えることを学びます。

⑦ きまりを　見つけよう
⑧ カードあそび

きほんのワーク

もくひょう

かけ算の　きまりを
見つけよう。

おわったら
シールを
はろう

教科書　⑲⑲ 19〜20ページ　答え　13ページ

きほん❶　かけ算の　きまりを　見つけられますか。

☆　これまで　学しゅうした　かけ算の　きまりを　見つけます。
　　□　に　あてはまる　数を　書きましょう。

2のだん	3のだん	4のだん	5のだん
2×1= 2	3×1= 3	4×1= 4	5×1= 5
2×2= 4	3×2= 6	4×2= 8	5×2=10
2×3= 6	3×3= 9	4×3=12	5×3=15
2×4= 8	3×4=12	4×4=16	5×4=20
2×5=10	3×5=15	4×5=20	5×5=25
2×6=12	3×6=18	4×6=24	5×6=30
2×7=14	3×7=21	4×7=28	5×7=35
2×8=16	3×8=24	4×8=32	5×8=40
2×9=18	3×9=27	4×9=36	5×9=45

❶　2のだんの　九九の　答えは、□　ずつ

ふえます。

❷　3のだんの　九九では、かける数が　1ふえると、

答えは　□　ふえます。

❸　2のだんと　3のだんの　九九の　答えを

たすと、□　のだんの　九九の　答えに

なります。

❶、❷の　きまりは、
それぞれ　ほかの
だんでは
どうなのかな。

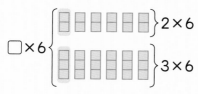

□×6 { 2×6 / 3×6

---

❶　きほん❶　で、ほかに　見つけた　きまりを　書きましょう。　📖教科書　19ページ❶

おうちのかたへ　お子さんと発見したかけ算のきまりについて話し合ったり、カード遊びをしたりする
ことで、よりいっそうかけ算への理解を深め、九九の定着を図ることができます。

まとめのテスト

時間 **20**分

とく点

/100点

おわったら
シールを
はろう

教科書 下 2〜22ページ   答え 13ページ

1 よく出る □に 合う 数を 書いて、かけ算の しきで あらわしましょう。

1つ3〔15点〕

1さらに □こずつの □さら分です。

りんごの ぜんぶの 数は、 □×□=□

2 よく出る かけ算を しましょう。

1つ5〔45点〕

① 3×8   ② 4×6   ③ 2×9

④ 5×2   ⑤ 2×4   ⑥ 4×7

⑦ 4×4   ⑧ 5×7   ⑨ 3×1

3 つぎの □に あてはまる 数を 書きましょう。

1つ5〔10点〕

① 4のだんの 九九の 答えは、□ずつ ふえます。

② 5×8の 答えは、2×8と □×8の 答えを たした 数に なります。

4 よく出る 色紙を 1人に 3まいずつ 6人に くばります。
色紙は、ぜんぶで 何まい いりますか。

1つ5〔10点〕

しき   答え (   )

5 2cmの テープが あります。この テープの 7ばいの 長さは
何cmですか。

1つ5〔10点〕

しき   答え (   )

2cm

6 長いすが 9つ あります。1つの 長いすに 5人ずつ すわると、
みんなで 何人 すわれますか。

1つ5〔10点〕

しき   答え (   )

 チェック ✓ □九九を つかって かけ算を することが できたかな?
□かけ算の しきを つくって、答えを もとめられたかな?

ふろくの 「計算れんしゅうノート」18〜19ページを やろう!

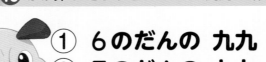
① 6のだんの 九九
② 7のだんの 九九

きほんのワーク

もくひょう
6のだんと 7のだんの
九九を 作って、
おぼえよう。

おわったら
シールを
はろう

教科書　下 23～28ページ　答え　14ページ

きほん ①　6のだんの 九九を 作ることが できますか。

☆ 6のだんの 九九を、かけ算の きまりを つかって 作りましょう。

6×1　　6×2　　　6×3

6×1=6

6 ふえる

6×2=12 ………… 6+6

6 ふえる

6×3=18 ………12+6

6 ふえる

6×4=□ ………18+6
:　　　　　:

6×1=□
6×2=□
6×3=□
6×4=□
6×5=□
6×6=□
6×7=□
6×8=□
6×9=□

声に 出して
おぼえよう。

6のだんの 九九

六一が　ろく	6
六二　じゅうに	12
六三　じゅうはち	18
六四　にじゅうし	24
六五　さんじゅう	30
六六　さんじゅうろく	36
六七　しじゅうに	42
六八　しじゅうはち	48
六九　ごじゅうし	54

❶ 6×7の 答えを 考えました。□に 数を 書きましょう。

📖教科書 24ページ❶

6×7=□
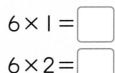} □×7=14
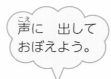} □×7=28

❷ ぜんぶの 数を、かけ算で もとめましょう。

📖教科書 26ページ❷❸

① えんぴつの 数

しき

答え（　　　本）

② おかしの 数
▶しきを 2とおり 書きましょう。

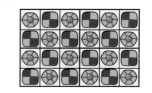

しき1

しき2

答え（　　　こ）

　6のだんでは、6×7、7のだんでは、7×6が とくに まちがいが 多いよ。7（しち）は 4（し）と はつ音が にているからね。はつ音に ちゅういして おぼえよう。

☆ 7のだんの 九九を、かけ算の きまりを つかって 作りましょう。

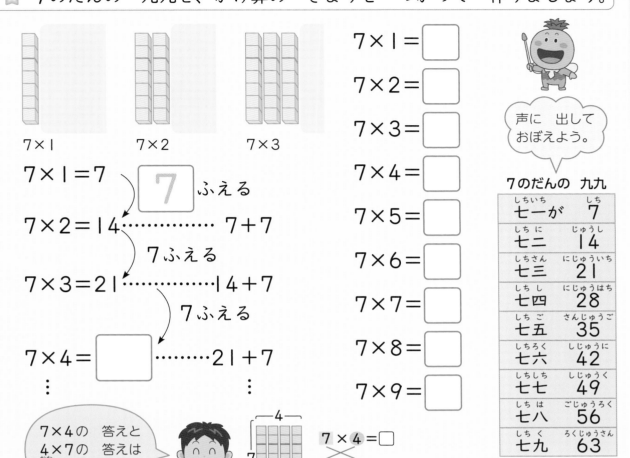

7×1   7×2   7×3

$7×1=7$

7 ふえる

$7×2=14$ ……………… $7+7$

7ふえる

$7×3=21$ …………… $14+7$

7ふえる

$7×4=$ ……… $21+7$

7×4の 答えと 4×7の 答えは 同じだね。

$7×1=$

$7×2=$

$7×3=$

$7×4=$

$7×5=$

$7×6=$

$7×7=$

$7×8=$

$7×9=$

声に 出して おぼえよう。

7のだんの 九九

しちいち 七一が	しち 7
しちに 七二	じゅうし 14
しちさん 七三	にじゅういち 21
しちし 七四	にじゅうはち 28
しちご 七五	さんじゅうご 35
しちろく 七六	しじゅうに 42
しちしち 七七	しじゅうく 49
しちは 七八	ごじゅうろく 56
しちく 七九	ろくじゅうさん 63

4

7

$7 × 4 =$ □

$4 × 7 =$ □

③ 7×5の 答えを、つぎのように 考えました。□に 数を 書きましょう。

① 7×5の 答えは、7×4の 答えより □ 大きい。　📖 教科書　27ページ 1　28ページ 3

$7×4=$ □　　　$28+$ □ $=$ □　➡　$7×5=$ □

② 7×5の 答えは、5×□の 答えと 同じ。　$5×7=$ □ ➡ $7×5=$ □

③ $7×5$ ｛

□ $×5=25$　　$25+10=$ □

□ $×5=10$　　だから、$7×5=$ □

7のだん ＝5のだん＋ 2のだん

④ 1週間は、7日です。3週間では、何日に なりますか。　📖 教科書　28ページ 2

しき

答え (　　　　　　　)

おうちのかたへ　かけ算のきまりを使って6の段、7の段の九九を作り、覚えます。2年生の多くがつまずくのが 7の段の九九といわれています。声に出して何度も言うことで、自然に身につけましょう。

69

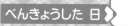

③ 8のだんの 九九
④ 9のだんの 九九

きほんのワーク

もくひょう

8のだんと 9のだんの 九九を 作って、おぼえよう。

おわったら シールを はろう

教科書　下 29〜32ページ　答え　14ページ

きほん 1　8のだんの 九九を 作ることが できますか。

☆ 8のだんの 九九を、つぎの ❶、❷の 考え方で 作りましょう。

❶ 8のだんでは、かける数が 1 ふえると、答えは □ ふえます。

$8 \times 1 = 8$

$8 \times 2 = $ □ ⟵ 8ふえる ⋯⋯⋯ 8+8
⋮　　　　　　　　　　　⋮

❷ 8×2で、8を 2と 6に 分けて 考えます。

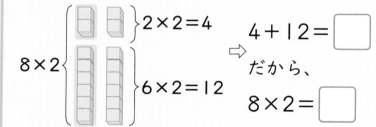

8×2 { $2 \times 2 = 4$ / $6 \times 2 = 12$

⟹ $4 + 12 = $ □

だから、

$8 \times 2 = $ □

声に 出して おぼえよう。

$8 \times 1 = $ □
$8 \times 2 = $ □
$8 \times 3 = $ □
$8 \times 4 = $ □
$8 \times 5 = $ □
$8 \times 6 = $ □
$8 \times 7 = $ □
$8 \times 8 = $ □
$8 \times 9 = $ □

8のだんの 九九

はちいち 八一が	はち 8
はちに 八二	じゅうろく 16
はちさん 八三	にじゅうし 24
はちし 八四	さんじゅうに 32
はちご 八五	しじゅう 40
はちろく 八六	しじゅうはち 48
はちしち 八七	ごじゅうろく 56
はっぱ 八八	ろくじゅうし 64
はっく 八九	しちじゅうに 72

---

1 おり紙で ハートを 1人が 8こずつ おります。7人では、ぜんぶで 何こ できますか。

教科書 30ページ❷

しき　　　　　　　　　　　　　　答え（　　　　　）

---

2 下の 図を 見て、□に あてはまる 数を 書きましょう。　教科書 30ページ❸

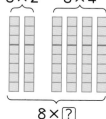

8×2　8×4

8×⁇

8×2の 答えに 8×4の 答えを たすと、

□ に なります。

これは、8× □ の 答えと 同じです。

さんすうはかせ　9のだんの 九九の 答えは、一のくらいの 数と 十のくらいの 数を たすと、ぜんぶ 9に なるよ。9、1+8=9、2+7=9、3+6=9、… たしかめてごらん。

☆ 9のだんの 九九を、つぎの ①、②の 考え方で 作りましょう。

① 9のだんでは、かける数が

1ふえると、答えは [ ] ふえます。

$9 \times 1 = 9$

$9 \times 2 = [\quad]$ ⤵ 9ふえる ┈┈┈┈┈ $9 + 9$

⋮ ⋮

② 9×2で、9を 3と 6に
分けて 考えます。

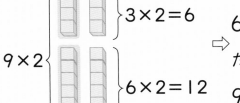

$9 \times 2 \begin{cases} 3 \times 2 = 6 \\ 6 \times 2 = 12 \end{cases}$

⇨ $6 + 12 = [\quad]$

だから、

$9 \times 2 = [\quad]$

$9 \times 1 = [\quad]$

$9 \times 2 = [\quad]$

$9 \times 3 = [\quad]$

声に 出して
おぼえよう。

$9 \times 4 = [\quad]$

$9 \times 5 = [\quad]$

$9 \times 6 = [\quad]$

$9 \times 7 = [\quad]$

$9 \times 8 = [\quad]$

$9 \times 9 = [\quad]$

9のだんの 九九

く いち 九一が	く 9
く に 九二	じゅうはち 18
く さん 九三	にじゅうしち 27
く し 九四	さんじゅうろく 36
く ご 九五	しじゅうご 45
く ろく 九六	ごじゅうし 54
く しち 九七	ろくじゅうさん 63
く は 九八	しちじゅうに 72
く く 九九	はちじゅういち 81

③ 9dL入りの ジュースの びんが 5本 あります。
ジュースは、ぜんぶで 何dL ありますか。

📖 教科書 32ページ ②

しき

答え (　　　　　)

④ 8つの チームで やきゅうを します。1チームは 9人です。
みんなで 何人に なりますか。

📖 教科書 32ページ ②

しき

答え (　　　　　)

⑤ 右の 絵を 見て、9×3の しきに なる もんだいを 作ります。
[ ]に あてはまる 数や ことばを 書きましょう。

📖 教科書 32ページ ③

1ふくろに あめが [ ] こずつ 入っています。

[ ] ふくろ分では、[　　] は 何こ ありますか。

おうちのかたへ　これまでに学習したかけ算のきまりや九九を使って、8の段、9の段の九九を作ります。
「きほん1・2」の②では、それぞれいろいろな分け方で考えてみましょう。

⑤ 1のだんの 九九
⑥ どんな 計算に なるかな

きほんのワーク

もくひょう
1のだんの 九九を おぼえよう。どんな 計算に なるか、正しく 考えよう。

おわったら シールを はろう

教科書　下 33〜34ページ　答え 14ページ

きほん 1　1のだんの 九九を 作ることが できますか。

⭐ いちごと プリンの 数を もとめる しきを 書きましょう。

1つ分の 数　いくつ分　ぜんぶの 数

・いちご… 　2　×　4　=　□

プリンも 同じように 考えます。

・プリン… □ × □ = □
　　　1こ　の 4さら分 で 4こ

1この いくつ分も かけ算の しきに 書けるんだよ。

1のだんの 九九を 作って みよう！

$1 \times 1 =$ □
$1 \times 2 =$ □
$1 \times 3 =$ □
$1 \times 4 =$ □
$1 \times 5 =$ □
$1 \times 6 =$ □
$1 \times 7 =$ □
$1 \times 8 =$ □
$1 \times 9 =$ □

声に 出して おぼえよう。

1のだんの 九九

いんいち 一一が	いち 1
いん に 一二が	に 2
いんさん 一三が	さん 3
いん し 一四が	し 4
いん ご 一五が	ご 5
いんろく 一六が	ろく 6
いんしち 一七が	しち 7
いんはち 一八が	はち 8
いん く 一九が	く 9

1 つぎの もんだいに 答えましょう。

📖教科書 33ページ1 34ページ1

❶ ノートを 1人に 1さつずつ くばります。9人に くばるには、ノートは ぜんぶで 何さつ いりますか。

しき　　　　　　　　　　　答え（　　　　　　　　）

❷ 1はこ 6こ入りの チーズから 2こ 食べると、何こ のこりますか。

しき　　　　　　　　　　　答え（　　　　　　　　）

❸ クッキーが、ふくろの 中に 5まい、さらの 上に 8まい あります。クッキーは、ぜんぶで 何まい ありますか。

しき　　　　　　　　　　　答え（　　　　　　　　）

72

おうちのかたへ 1の段の九九を学習します。また、問題の場面から、かけ算やたし算・ひき算などの、どの計算を使って立式するかをよみ取る学習を通して、かけ算への理解を深めます。

まとめのテスト

とく点 /100点

おわったら シールを はろう

教科書 下 23〜37ページ 答え 15ページ

1 よく出る かけ算を しましょう。 1つ5〔45点〕

① 6×6　　　② 8×3　　　③ 7×5

④ 1×7　　　⑤ 6×9　　　⑥ 9×7

⑦ 7×3　　　⑧ 9×4　　　⑨ 8×1

2 つぎの □ に あてはまる 数を 書きましょう。 1つ5〔15点〕

① 7×4の 答えは、7×3の 答えより [ ] 大きく なります。

② 9のだんの 九九では、かける数が 1ふえると、答えは [ ] ふえます。

③ 8×4の 答えは、3×4の 答えと [ ] ×4の 答えを たした

数に なっています。

3 よく出る 1台 6人のりの 自どう車が 3台 あります。
ぜんぶで 何人 のれますか。 1つ7〔14点〕

しき　　　　　　　　　　　　　　　　答え ( )

4 よく出る りんごが 7ふくろ あります。どの ふくろにも 8こずつ
入っています。りんごは、ぜんぶで 何こ ありますか。 1つ7〔14点〕

しき　　　　　　　　　　　　　　　　答え ( )

5 ●の 数を くふうして もとめましょう。 1つ6〔12点〕

しき

答え (こ)

ふろくの 「計算れんしゅうノート」20〜21ページを やろう!

 チェック ✓
□九九を つかって かけ算を することが できたかな?
□かけ算の しきを つくって、答えを もとめられたかな?

① かけ算九九の ひょう
② 九九を こえた　かけ算

きほんのワーク

もくひょう
九九の きまりを
見つけよう。九九を
こえた かけ算を しよう。

おわったら
シールを
はろう

教科書 ⑦ 38〜42ページ　　答え 15ページ

きほん 1 かけ算九九の ひょうを 作って、きまりを 見つけることが できますか。

☆ □を うめて、かけ算九九の ひょうを かんせいさせましょう。

かける数

	1	2	3	4	5	6	7	8	9
1	1	2	3	4	5	6	7	8	9
2	2	4	6	8	10		14	16	18
3	3	6	9		15	18	21		27
4	4	8		16		24			
5	5	10	15	20			35		45
6	6	12			30				54
7		14					49		
8	8	16		32		48			72
9	9		27		45				81

（かけられる数）

3のだんでは かける数が
1ふえると、答えは
3ずつ ふえているね。

3×4と
4×3は、
答えが 同じに
なるね。

〈ほかの はっけんの れい〉

● ななめに むかい合っている
ところに 同じ 答えが
ある。
（れい→2、3、15）

● 3のだんの 答えと
4のだんの 答えを たすと、
7のだんの 答えに なる。

たいせつ

・かける数が 1ふえると、答えは かけられる数 だけ
ふえます。　3×5＝3×4＋3

・かけ算では、かける数と かけられる数を
入れかえて 計算しても、答えは 同じです。　3×4＝4×□

1 つぎの □に あてはまる 数を 書きましょう。

教科書 40ページ ➋

❶ 4×7＋4＝□×8

❷ 8×6＝8×5＋□

❸ 2×5＝□×2

❹ 6×□＝9×6

さんすうはかせ かけ算九九の ひょうの 中で よく 出てくる 数字は 6、8、12、18、24で、
5つとも 4回ずつ 出てくるよ。たしかめてごらん。

☆ 4×11の 計算の しかたを 考えましょう。

① 4のだんの 答えは、

4×1から □ ずつ

ふえています。

だから、九九を こえても
答えは 4ずつ ふえます。

4× 9＝36

+4

4×10＝40

+□

4×11＝□

② 4×11を 4×6と 4×5に
分けて 考えます。

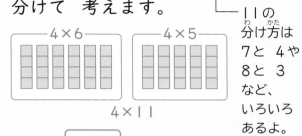

4×11

11の
分け方は
7と 4や
8と 3
など、
いろいろ
あるよ。

4×6＝□ 、

4×5＝□ だから、

4×11の 答えは 24＋20＝□

2 12×5の 計算の しかたを、つぎのように 考えました。
□に あてはまる 数を 書きましょう。 📖 教科書 42ページ ▷

① 12×5の 答えは、

5×□ の 答えと 同じです。

5× 9＝45

+5

5×10＝50

+□

5×11＝□

+□

5×12＝□

だから、12×5＝□

② 12を 8と 4に 分けます。

8×5＝□

4×5＝□

だから、

40＋20＝□

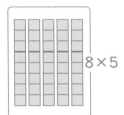8×5

4×5

3 つぎの かけ算の 答えを もとめましょう。 📖 教科書 41ページ **1**
42ページ ▷ **2**

① 2×11

② 13×4

( ) ( )

おうちのかたへ　かけ算九九の表から九九のきまりを発見し、そのきまりを使って九九の範囲をこえたかけ算の
しかたを考えます。お子さんの発見や考えを大事にしつつ、多様な考え方を学びましょう。

③ かけ算九九を つかって

きほんのワーク

もくひょう

かけ算を つかって、ものの 数や ばいの 長さを もとめよう。

おわったら シールを はろう

教科書　下 43〜44ページ　　答え　16ページ

きほん ❶　かけ算九九を つかって くふうして もとめられますか。

☆ ●の 数を、かけ算九九を つかって くふうして もとめます。考え方と 合う しきを えらんで、線で むすびましょう。

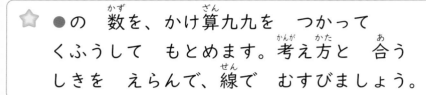

8×3＝24

4×2＝8、8×2＝16
8＋16＝24

4×4＝16、2×4＝8
16＋8＝24

❶ おかしは、ぜんぶで 何こ ありますか。
九九を つかって、くふうして もとめましょう。

しき　　　　　　　　　📖教科書 43ページ❶

答え（　　　　　）

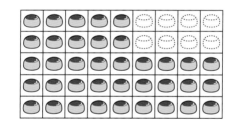

❷ つぎの テープについて、答えましょう。　📖教科書 44ページ❷

⑦
⑦
⑦
⑦

❶ ⑦の 5ばいの 長さの テープは どれですか。
また、⑦の 5ばいの 長さの テープは どれですか。

⑦の 5ばい（　　　）　⑦の 5ばい（　　　）

❷ 1目もりを 1cmと したとき、
⑦の テープの 長さは 何cmですか。

（　　　　　　　）

76

おうちのかたへ

九九を使ってものの数をくふうして求める学習を通し、多面的な考え方を身につけます。また、かけ算と倍の学習では、同じ5倍でも長さが違う理由を考え、理解しましょう。

まとめのテスト

とく点

/100点

おわったら
シールを
はろう

時間 **20**分

教科書 下 38〜47ページ　答え 16ページ

---

1 よく出る 右の　かけ算九九の　ひょうを　見て、答えましょう。　　1つ10〔70点〕

① 3×9の　答えに　○を
つけましょう。

② 7×6の　答えに　△を
つけましょう。

③ 5のだんでは、かける数が
1ふえると、答えは　いくつ
ふえますか。

（　　　　　　　　　　　）

	かける 数								
	1	**2**	**3**	**4**	**5**	**6**	**7**	**8**	**9**
1	1	2	3	4	5	6	7	8	9
2	2	4	6	8	10	12	14	16	18
3	3	6	9	12	15	18	21	24	27
4	4	8	12	16	20	24	28	32	36
5	5	10	15	20	25	30	35	40	45
6	6	12	18	24	30	36	42	48	54
7	7	14	21	28	35	42	49	56	63
8	8	16	24	32	40	48	56	64	72
9	9	18	27	36	45	54	63	72	81

（かけられる数）

④ つぎの　答えに　なる　九九の　しきを、ぜんぶ　書きましょう。

▶12 （　　　　　　　　　　　　　　　　　　）

▶16 （　　　　　　　　　　　　　　　　　　）

⑤ つぎの　□に　あてはまる　数を　書きましょう。

あ 9×8=9×7+ □　　　　　い 8×4=4× □

2 11×3の　答えを　もとめましょう。　　〔10点〕

（　　　　　　　　）

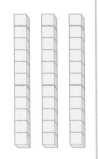

3 ●の　数を、九九を　つかって　くふうして　もとめましょう。　　1つ10〔20点〕

しき

答え（　　　　　こ）

 □ かけ算九九の　ひょうの　いみや　見方が　わかったかな？
□ かけ算の　きまりが　わかったかな？

ふろくの　「計算れんしゅうノート」22〜24ページを　やろう！

もくひょう

同じ 大きさに 分けた
1つ分の 大きさの
あらわし方を 知ろう。

おわったら
シールを
はろう

1つ分を 数で あらわして 考えよう

きほんのワーク

教科書 ⓣ48〜55ページ 答え 16ページ

きほん 1 分数の あらわし方が わかりますか。

☆ 正方形の おり紙を おって、同じ 大きさに 2つに 分けました。

同じ 大きさが
2つ できたね。

もとの 大きさ

たいせつ

⑦の 大きさは、⑦、⑨の
大きさの 2つ分、2ばいに
なります。

同じ 大きさに 2つに 分けた 1つ分の 大きさを、もとの

大きさの 「 二分の一 」と いい、 $\frac{1}{2}$ と 書きます。

$\frac{1}{2}$のような 数を 分数と いいます。

$\frac{1}{2}$ ③①②

1 長方形の 紙を おって、同じ 大きさに 切りました。できた 1つ分の
大きさは、もとの 紙の 大きさの 何分の一ですか。

📖教科書
49ページ 1
51ページ 2
52ページ 2

もとの 大きさ

⑦ ⑦ ⑨

$\left(\dfrac{1}{\Box}\right)$ （　　）（　　）

2 つぎの 大きさに 色を ぬりましょう。

📖教科書
50ページ ▶
52ページ ▶ 2

❶ $\frac{1}{2}$の 大きさ   ❷ $\frac{1}{4}$の 大きさ   ❸ $\frac{1}{8}$の 大きさ

おうちのかたへ

分数の導入として、1つのものを同じ大きさに2つに分けた1つ分である $\frac{1}{2}$ や $\frac{1}{4}$、$\frac{1}{8}$、$\frac{1}{3}$ を学習します。具体的な物を使って、分数の意味と表し方をしっかり理解しましょう。

まとめのテスト

時間 **20** 分

とく点 ／100点

おわったら シールを はろう

教科書 ⊤ 48〜57ページ　答え 16ページ

1 よく出る 色の ついた ところは、もとの 大きさの 何分の一ですか。

1つ10〔30点〕

①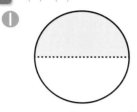

②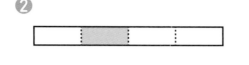

③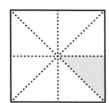

(　　　　　)　　　　　(　　　　　)　　　　　(　　　　　)

2 つぎの テープを 見て、答えましょう。

1つ7〔14点〕

① ⑦の 長さは、⑦の 長さの 何ばいですか。

(　　　　　)

② ⑦の 長さは、⑦の 長さの 何分の一ですか。

(　　　　　)

3 6こ入りと 18こ入りの チョコレートの はこが あります。

1つ8〔56点〕

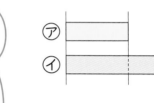

① 上の 図に、$\frac{1}{3}$の 大きさに なるように それぞれ 線を 引きましょう。

② $\frac{1}{3}$の 大きさのときの チョコレートの 数は、それぞれ 何こですか。

⑦(　　　　　)　⑦(　　　　　)

③ もとの チョコレートの 数は、$\frac{1}{3}$の 大きさのときの 数の 何ばいですか。

⑦(　　　　　)　⑦(　　　　　)

④ つぎの □に あてはまる ことばを 書きましょう。

・⑦と ⑦では、もとの チョコレートの 数が ［　　　　　　］ので、$\frac{1}{3}$の 大きさのときの 数も ちがいます。

チェック☑
□ 分数で あらわすことが できたかな？
□ 分数と ばいの かんけいが わかったかな？

79

時こくや 時間を 読んで もとめよう

もくひょう・
時こくや 時間を
もとめられるように
なろう。

おわったら
シールを
はろう

きほんのワーク

教科書 ⓕ 60〜62ページ　答え 17ページ

きほん 1　時こくや 時間を もとめられますか。

☆ かずまさんは、午後5時20分から 30分間 本を 読みました。
　読みおわった 時こくは 何時何分ですか。
　下の 時計や 数の線を 見て 考えましょう。

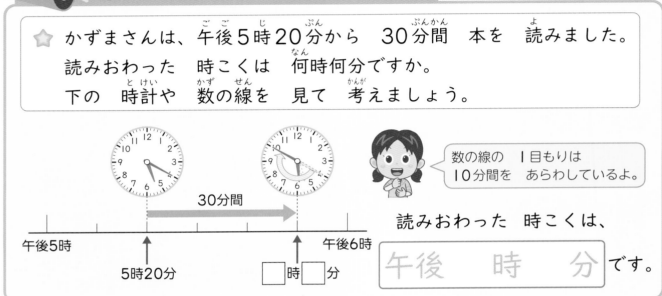

数の線の 1目もりは
10分間を あらわしているよ。

読みおわった 時こくは、

午後　時　分です。

1 つぎの 時こくは それぞれ 何時何分ですか。

❶ 午前9時30分から 30分
　たった 時こく。　　　（　　　　　　）

❷ 午前9時30分の
　20分前の 時こく。　（　　　　　　）

教科書 61ページ 1

2 つぎの 時こくや 時間を もとめましょう。

❶ 午後2時から 午後3時までの 時間。

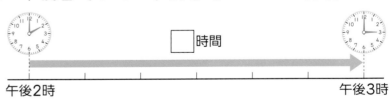

（　　　　　　）

教科書 62ページ 2

❷ 午前10時から、3時間後の 時こく。

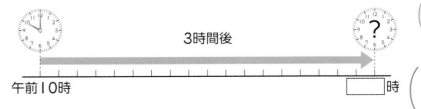

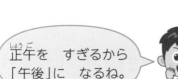

正午を すぎるから
「午後」に なるね。

（　　　　　　）

おうちのかたへ　時刻や時間を時計や数の線で表して、あとの時刻や前の時刻、「何時間」、「何分間」を求める学習をします。❷❷のような正午をまたぐ問題は間違えやすいので、注意しましょう。

まとめのテスト

教科書 ㊦ 60〜65ページ　答え 17ページ

1 よく出る 右の 時計の 時こくは、午後8時25分です。　1つ15〔45点〕

❶ 20分後の 時こくは、
何時何分ですか。 （　　　　　　　　）

❷ 15分前の 時こくは、
何時何分ですか。 （　　　　　　　　）

❸ 午後9時までは、あと 何分間 ありますか。 （　　　　　　　　）

2 よく出る つぎの 図を 見て、時こくや 時間を もとめましょう。1つ15〔45点〕

❶ 午前7時から、午前10時までの 時間。

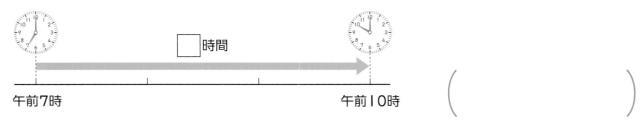

□時間

午前7時　　　　　　　　午前10時

（　　　　　　　　）

❷ 午前11時から、4時間後の 時こく。

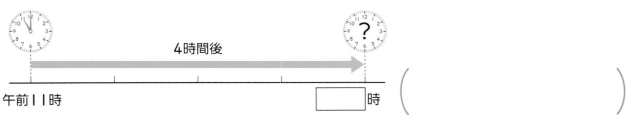

4時間後

午前11時　　　　　　□時

（　　　　　　　　）

❸ 午後1時から、3時間前の 時こく。

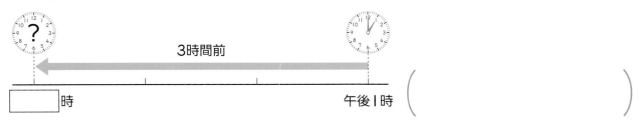

3時間前

□時　　　　　　　　午後1時

（　　　　　　　　）

3 さやかさんは、えい画を 2時間 みて、午後5時に みおわりました。
えい画を みはじめた 時こくを もとめましょう。　〔10点〕

えい画を みはじめた。　　えい画を みおわった。

2時間前

（　　　　　　　　）

□ 何分間や、何分後・何分前の 時こくが もとめられたかな？
□ 何時間や、何時間後・何時間前の 時こくが もとめられたかな？

① **1000より 大きい 数の あらわし方** [その1]

もくひょう
1000より 大きい 数の 読み方や 書き方を 学ぼう。

おわったら シールを はろう

きほんのワーク

教科書 下 66〜70ページ　　答え 17ページ

きほん❶ 1000より 大きい 数の あらわし方が わかりますか。

☆ 色紙は、ぜんぶで 何まい ありますか。

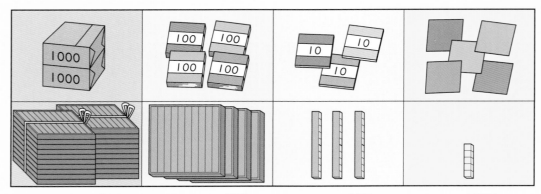

1000が ②こ 100が □こ 10が □こ 1が □こ

千のくらい	百のくらい	十のくらい	一のくらい
2			

数字を 書きましょう。

1000を 2こ あつめた 数を 二千と いいます。
二千と 四百と 三十と 五を 合わせた 数を、

2435 と 書き、 二千四百三十五 と 読みます。

2435の 2の ところを、 千のくらい と いいます。

❶ つぎの 数を 数字で 書きましょう。

📖 教科書 67ページ❶
69ページ❷

❶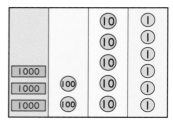

❷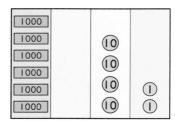

数が ない くらいには、0を 書くよ。

(　　　　　)　　(　　　　　)

さんすうはかせ　「大きい 数に なると よく わからない。」と いう 人は、お金で 考えてみよう。
千円さつが 2まいで 2000円、100円玉が 4こで 400円だね。

2 つぎの 色紙は、ぜんぶで 何まい ありますか。 教科書 69ページ▶

❶ 千のたばが 4たばと、
百のたばが 6たば。 （　　　　　　　）

❷ 千のたばが 7たばと、
十のたばが 9たば。 （　　　　　　　）

千のくらい	百のくらい	十のくらい	一のくらい

3 つぎの 数を 読みましょう。 教科書 70ページ▶

❶ 1961　　　　❷ 3094　　　　❸ 5007

（　　　　　）（　　　　　）（　　　　　）

4 つぎの 数を 数字で 書きましょう。 教科書 70ページ▶

❶ 三千四百二十九　　❷ 六千五　　　　❸ 八千

（　　　　　）（　　　　　）（　　　　　）

5 つぎの □に あてはまる 数を 書きましょう。 教科書 70ページ▶

❶ 1000を 7こと、100を 2こと、10を 4こと、1を 6こ

合わせた 数は、□□□□ です。

❷ 1000を 9こと、10を 5こ 合わせた 数は、□□□□ です。

❸ 3607は、1000を □こ、100を □こ、1を □こ

合わせた 数です。

❹ 千のくらいが 2、百のくらいが 3、十のくらいが 8、一のくらいが

0の 数は、□□□□ です。

❺ 4001の 4は、□□□□ が 4こ あることを あらわしています。

❻ 5000と 700と 3を 合わせた 数は、□□□□ です。

❼ 8400は、8000と □□□□ を 合わせた 数です。

おうちのかたへ　1000より大きい4けたの数の表し方と読み方を学習します。空位（0）にとまどう場合は、慣れるまで**2**のような位の表を使って考えると分かりやすいです。

べんきょうした 日　　月　　日

① 1000より 大きい 数の あらわし方 [その2]

もくひょう・
4けたの 数を 100の まとまりで 考えよう。
10000を 知ろう。

おわったら シールを はろう

きほんのワーク

教科書　下 71〜74ページ　　答え 17ページ

きほん 1　100を もとに した 数の あらわし方が わかりますか。

⭐ 2700は、100を 何こ あつめた 数ですか。

| 1000 | | 1000 | | 100 100 100 100 100 |
| | | | | 100 100 |

| 100 100 100 100 100　100 100 100 100 100 | | 100 100 100 100 100 | | 千 | 百 | 十 | 一 |
| 100 100 100 100 100　100 100 100 100 100 | | 100 100 | | 2 | 7 | 0 | 0 |

2700

2000 ➡ 100が ☐ こ

700 ➡ 100が ☐ こ

合わせて
100が ☐ こ

1 つぎの ☐に あてはまる 数を 書きましょう。　　教科書 71ページ 3 2

① 3600は、100を ☐ こ あつめた 数です。

② 7000は、1000を ☐ こ あつめた 数です。また、100を ☐ こ あつめた 数です。

2 つぎの 数を 数字で 書きましょう。　　教科書 71ページ 1

① 100を 19こ あつめた 数。(☐に あてはまる 数を 書きましょう。)

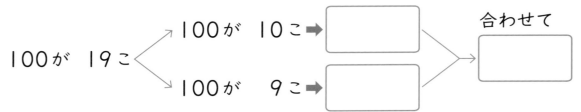

100が 19こ

100が 10こ ➡ ☐

100が 9こ ➡ ☐

合わせて
☐

② 100を 58こ あつめた 数。　③ 100を 40こ あつめた 数。

(　　　　　)　　　　　(　　　　　)

　一、十、百、千、万までは 10ばいで 名前が かわるよ。でも、万より 大きくなると 1万ばいごとに 新しい 名前が つくんだ。

☆ 下の 数の線を 見て 答えましょう。

| 1000 | 1000 | 1000 | 1000 | 1000 | 1000 | 1000 | 1000 | 1000 | 1000 |

⑩が 10こ

❶ 1000を 10こ あつめた 数を | 10000 |と 書き、

一万と 読みます。

❷ 9000は、あと [　　　]で 10000に なります。

❸ 10000より 1 小さい 数は | 9999 |です。

9990　　　　10000
┠┼┼┼┼┼┼┼┼┨
　　　　　↑
　　　　9999

❹ 10000は、100を [　　　]こ あつめた 数です。

❺ つぎの 数の 目もりに、↑を かきましょう。

いちばん 小さい
1目もりは 100だね。

　⑦ 5700　　⑦ 9400

0　1000 2000 3000 4000 5000 6000 7000 8000 9000 10000

---

3 □に あてはまる 数を 書きましょう。　📖教科書 74ページ **5**▶

❶ ─| 5000 |─[　　]─| 7000 |─| 8000 |─[　　]─[　　]─

❷ ─| 7500 |─| 8000 |─[　　]─[　　]─| 9500 |─[　　]─

❸ ─[　　]─| 9996 |─[　　]─| 9998 |─| 9999 |─[　　]─

❹ ─| 5200 |─[　　]─[　　]─| 5800 |─| 6000 |─[　　]─

❺

[　　　　]　　　　　　　　　　　　　[　　　　]

9400　　　↑　　9600　9700　9800　　↑　　10000

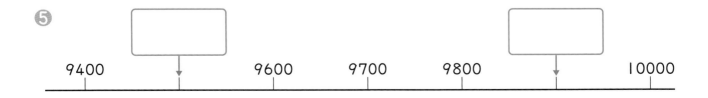

おうちのかたへ　100のまとまりで数をとらえる際には、百円玉や百の数カードなどを使うと理解しやすくなります。また、10000という数について学習し、10000までの数の並び方や順序を理解します。

① **1000より 大きい 数の あらわし方** [その3]

きほんのワーク

もくひょう

4けたの 数の 大きさが わかるように なろう。

おわったら シールを はろう

教科書　下 74〜75ページ　答え　18ページ

きほん **1**　4けたの 数の 大きさが わかりますか。

☆ 下の 数の線を 見て 答えましょう。

0　　1000　　2000　　3000　　4000

ア　　イ　　ウ

❶ ア、イ、ウの 目もりの 数を 答えましょう。

ア　[　　　]　　イ　[　　　]　　ウ　[　　　]

数の線を 読む ときは、いちばん 小さい 1目もりが いくつかを 考えれば いいね。

❷ 2300の 目もりに、↑を かきましょう。

❸ 2300より 700 大きい 数は、[　　　]です。

❹ 2300より 400 小さい 数は、[　　　]です。

1 つぎの 数を 書きましょう。　　📖教科書 75ページ ❸

❶ 4630より 70 大きい 数。　　❷ 10000より 100 小さい 数。

（　　　　　）　　　　　　（　　　　　）

2 つぎの □に あてはまる ＞、＜を 書きましょう。　　📖教科書 75ページ ❹

❶ 4120 □ 3850　　　　❷ 7480 □ 7630

❸ 9327 □ 9354　　　　❹ 6879 □ 6873

チャレンジ！ **3** アの 数が イの 数より 大きく なるように します。　　📖教科書 75ページ ❹

□に あてはまる 1けたの 数字を ぜんぶ 書きましょう。

ア　[　]427　　イ　6247

（　　　　　）

おうちのかたへ　数直線上の4けたの数の読み方・表し方や4けたの数の大きさについて理解します。 大小比較では、考え方は3けたの数のときと同じであることを確認しましょう。

まとめのテスト

時間 **20**分

とく点 ／100点

おわったら シールを はろう

教科書 下 66〜81ページ | 答え 18ページ

1 よく出る 色紙は、ぜんぶで 何まい ありますか。 〔9点〕

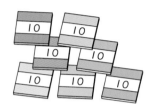 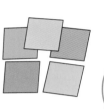

( )

2 よく出る つぎの □に あてはまる 数を 書きましょう。 1つ9〔54点〕

❶ 1000を 6こと、10を 8こ 合わせた 数は、[ ]です。

❷ 100を 73こ あつめた 数は [ ]です。

❸ 10000は、1000を [ ]こ あつめた 数です。

❹ 5000より 200 小さい 数は [ ]です。

❺ — | 9600 | — | 9700 | — | [ ] | — | 9900 | — | [ ] | —

3 8600に ついて、□に あてはまる 数を 書きましょう。 1つ9〔27点〕

❶ 8000と [ ] を 合わせた 数です。

❷ 100を [ ]こ あつめた 数です。

❸ 8600より 400 大きい 数は、[ ]です。

4 ⓪, ①, ③, ⑤の 4まいの カードを つかって、つぎの 4けたの 数を 作りましょう。 1つ5〔10点〕

❶ いちばん 小さい 数 ( )

❷ 2番目に 大きい 数 ( )

千のくらい	百のくらい	十のくらい	一のくらい

□4けたの 数の あらわし方が わかったかな？
□4けたの 数の 大きさが わかったかな？

ふろくの 「計算れんしゅうノート」25〜26ページを やろう！

長い 長さの くらべ方や あらわし方を 考えよう

きほんのワーク

もくひょう
長い ものの 長さの たんい m を 知ろう。
m、cmの 計算を しよう。

おわったら シールを はろう

教科書　⑦82〜86ページ　　答え　18ページ

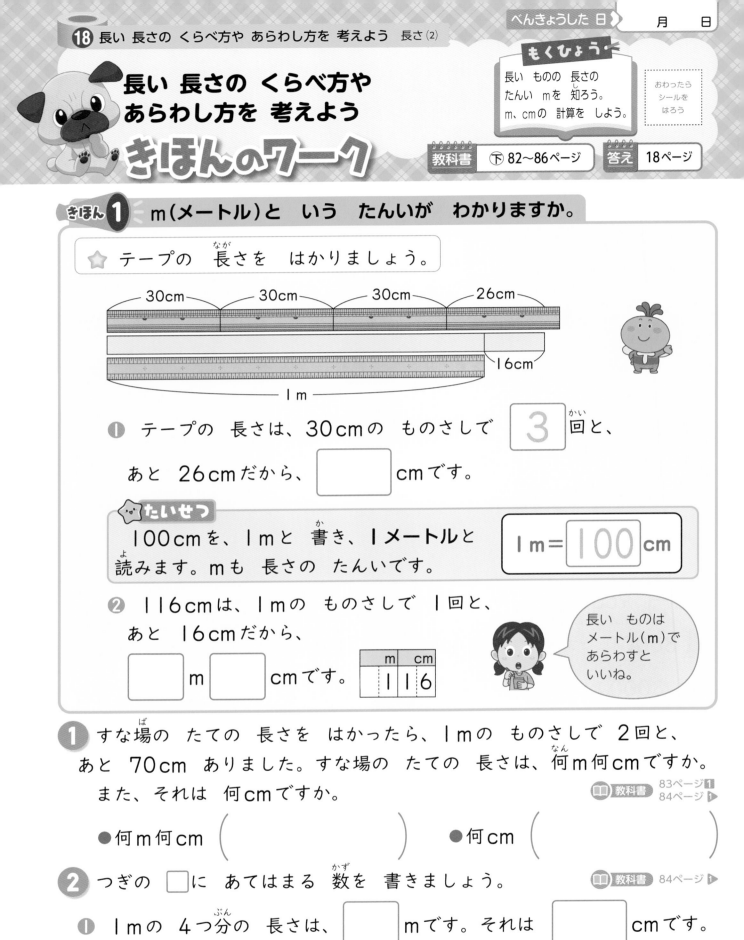

きほん **1**　m（メートル）と いう たんいが わかりますか。

☆ テープの 長さを はかりましょう。

30cm　30cm　30cm　26cm

16cm

1m

❶ テープの 長さは、30cmの ものさしで 3 回と、

あと 26cmだから、□□□ cmです。

たいせつ
100cmを、1mと 書き、1メートルと 読みます。mも 長さの たんいです。

1m = 100 cm

❷ 116cmは、1mの ものさしで 1回と、

あと 16cmだから、

□ m □ cmです。

m	c	m
1	1	6

長い ものは メートル（m）で あらわすと いいね。

1 すな場の たての 長さを はかったら、1mの ものさしで 2回と、

あと 70cm ありました。すな場の たての 長さは、何m何cmですか。

また、それは 何cmですか。

教科書 83ページ**1** 84ページ▶

●何m何cm（　　　　　　　　　）　　●何cm（　　　　　　　　　）

2 つぎの □に あてはまる 数を 書きましょう。

教科書 84ページ▶

❶ 1mの 4つ分の 長さは、□ mです。それは □ cmです。

❷ 3mと 20cmを 合わせると、□ m □ cmで、□ cmです。

 みの まわりで、長さの たんいが つかわれている ものを さがしてみよう。
じっさいに どのくらいの 長さで あらわされているか、かくにんしてみよう。

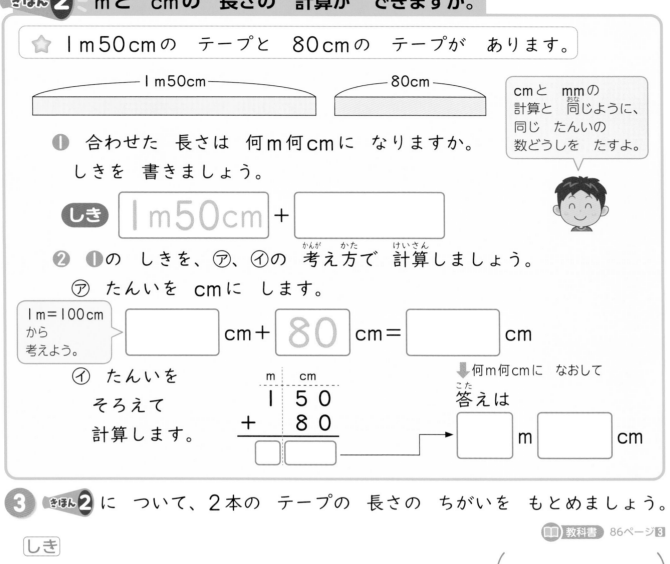

☆ 1m50cmの テープと 80cmの テープが あります。

❶ 合わせた 長さは 何m何cmに なりますか。
しきを 書きましょう。

しき 1m50cm ＋ [　　　]

cmと mmの 計算と 同じように、同じ たんいの 数どうしを たすよ。

❷ ❶の しきを、㋐、㋑の 考え方で 計算しましょう。

㋐ たんいを cmに します。

1m＝100cm から 考えよう。

[　　　] cm＋ 80 cm＝ [　　　] cm

㋑ たんいを そろえて 計算します。

m	cm
1	5 0
＋	8 0
[ ]	[ ]

↓何m何cmに なおして

答えは [　　　] m [　　　] cm

❸ きほん**2** に ついて、2本の テープの 長さの ちがいを もとめましょう。

📖 教科書 86ページ❸

しき

答え（　　　　　　　　　　）

❹ 高さが 85cmの たなの 上に、高さが 30cmの 電子レンジが のっています。ゆかから 電子レンジの 上までの 高さは 何m何cmですか。 📖 教科書 86ページ❸

30cm
85cm

しき

答え（　　　　　　　　　　）

❺ つぎの 長さの 計算を しましょう。 📖 教科書 86ページ▷

❶ 2m70cm＋5m
❷ 90cm＋3m60cm

❸ 8m30cm－6m
❹ 4m20cm－20cm

おうちのかたへ mの単位と長さの計算を学習します。1mという長さがどれ位か身近な物で確かめ、長さに対する量感を 養いましょう。長さの計算は、cm・mmのときと同様に同じ単位の数どうしですることをおさえます。

れんしゅうのワーク

教科書　下 82〜91ページ　　答え　19ページ

できた 数

/16もん 中

おわったら
シールを
はろう

1 長さの たんい　つぎの □に あてはまる たんいを 書きましょう。

① 黒ばんの よこの 長さ

3 □

② くつの サイズ

20 □

③ ノートの あつさ

4 □

④ ビルの 高さ

18 □

2 長い 長さの あらわし方　下の 図の ㋐、㋑の テープの 長さは、それぞれ 何m何cmですか。また、それぞれ 何cmですか。

㋐ (●何m何cm) (●何cm)　㋑ (●何m何cm) (●何cm)

3 長さの たんいの かんけい　つぎの □に あてはまる 数を 書きましょう。

① 7m= □ cm

② 306cm= □ m □ cm

4 長さくらべ　長い じゅんに ならべましょう。

4m　　3m80cm　　410cm

(　　　　　　　　　　　　　　　　)

5 長さの 計算　つぎの 長さの 計算を しましょう。

① 2m50cm+4m

② 9m10cm−9m

③ 1m40cm+70cm

④ 7m85cm−3m30cm

できるナビ　❶長さには どんな たんいが あったかな？ 1cm=10mm、1m=100cmだね。
❹長さを くらべるときは、たんいを そろえて くらべよう！

まとめのテスト

教科書 ⊤ 82〜91ページ　答え 19ページ

1 テープの 長さは 何m何cmですか。 〔10点〕

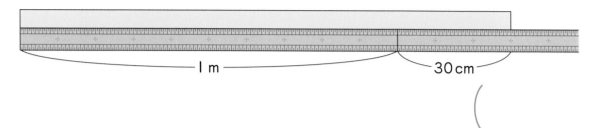

（　　　　　　　）

2 よく出る 花だんの よこの 長さを はかったら、1mの ものさしで 2回と、あと 60cm ありました。花だんの よこの 長さは、何m何cmですか。また、それは 何cmですか。 1つ10〔20点〕

● 何m何cm（　　　　　　　）　　● 何cm（　　　　　　　）

3 つぎの □に あてはまる ＞、＜、＝を 書きましょう。 1つ10〔20点〕

❶ 18m □ 18cm　　　　❷ 5m9cm □ 509cm

4 つぎの □に あてはまる たんいを 書きましょう。 1つ5〔15点〕

❶ 絵本の あつさ ……………………… 7 □

❷ えんぴつの 長さ ………………… 16 □

❸ ろうかの はば ………………… 2 □

5 つぎの 長さの 計算を しましょう。 1つ10〔20点〕

❶ 3m40cm＋2m　　　　❷ 6m75cm−50cm

6 90cmの ひもと 1m40cmの ひもが あります。2本の ひもの 長さの ちがいを もとめましょう。 しき10、答え5〔15点〕

しき　　　　　　　　　　　　　　　　　　　答え（　　　　　　　）

 チェック ☑
□ 長い 長さを あらわすことが できたかな？
□ 長い 長さの 計算が できたかな？

図を つかって 計算の しかたを 考えよう [その1]

きほんのワーク

もくひょう
ばめんを 図や しきに あらわして 考えよう。

おわったら シールを はろう

きほん 1　ばめんを 図や しきに あらわして 考えられますか。

☆ たまごが 26こ ありました。何こか 買ってきたので、たまごは ぜんぶで 32こに なりました。
買ってきたのは、何こですか。

❶ つぎの ばめんに 合わせて、図と しきを かきましょう。

㋐ たまごが 26こ ありました。何こか 買ってきたので、

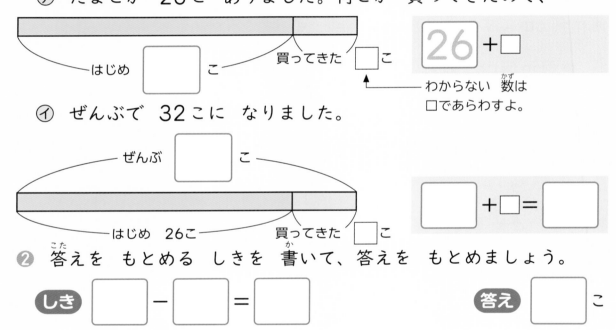

はじめ 　□ 　こ　　買ってきた 　□ こ

26 + □

わからない 数は □であらわすよ。

㋑ ぜんぶで 32こに なりました。

ぜんぶ 　□ 　こ

はじめ 26こ　　買ってきた 　□ こ

□ + □ = □

❷ 答えを もとめる しきを 書いて、答えを もとめましょう。

しき 　□ − □ = □　　　　**答え** 　□ こ

1 色紙が 何まいか ありました。あとから 16まい もらったので、ぜんぶで 30まいに なりました。はじめの 色紙は、何まいでしたか。 📖 教科書 96ページ▶

❶ つぎの 図の（ ）に あてはまる 数を 書きましょう。

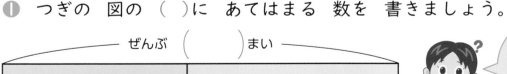

ぜんぶ（ 　 ）まい

はじめ □ まい　　もらった（ 　 ）まい

もとめるのは ぶぶんの 数だね。どんな 計算に なるかな。

❷ 答えを もとめる しきを 書いて、答えを もとめましょう。

しき　　　　　　　　　　　　　**答え**（ 　　　 ）

さんすうはかせ　図を よく 見て 答えを もとめる しきを 考えよう。ぶぶんの 数を もとめるときは ひき算、ぜんたいの 数を もとめるときは たし算に なるよ。

☆ あきさんは、えんぴつを 何本か もっていました。弟（おとうと）に 9本 あげました。のこりを 数（かぞ）えたら 17本に なっていました。 はじめに、何本 もっていましたか。

① つぎの ばめんに 合わせて、図と しきを かきましょう。

⑦ えんぴつを 何本か もっていました。弟に 9本 あげました。

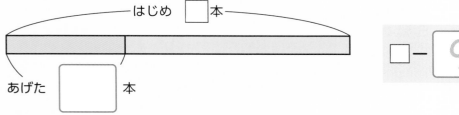

⊡ のこりを 数えたら 17本に なっていました。

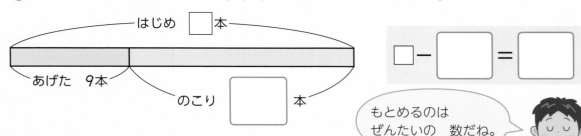

もとめるのは ぜんたいの 数だね。

② 答えを もとめる しきを 書いて、答えを もとめましょう。

しき ⬚ ＝ ⬚ 　　答え ⬚ 本

2 なおきさんは、カードを 120まい もっていました。友（とも）だちに 何まいか あげたので、のこりは 72まいに なりました。

友だちに あげたのは 何まいですか。

📖 教科書 95ページ**2** 96ページ**2**▶

① ⬚ と （ ）に ことばと 数を 書いて、図を かんせいさせましょう。

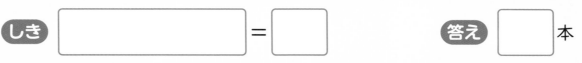

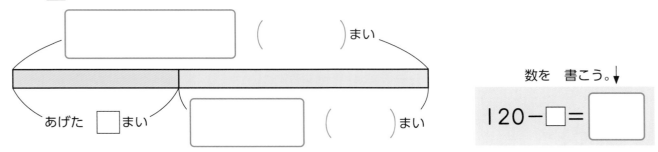

数を 書こう。↓

120－⬚＝ ⬚

② 答えを もとめる しきを 書いて、答えを もとめましょう。

しき 　　　　　　　　　　　　答え（　　　　　　　）

おうちのかたへ　いろいろな場面をテープ図に表して、たし算・ひき算の問題を解く学習をします。わからない数を求める計算がたし算になるのか、ひき算になるのかを、図を見て理解します。

図を つかって 計算の しかたを 考えよう [その2]

もくひょう
いろいろな たし算や ひき算の もんだいを 作ろう。

おわったら シールを はろう

きほんのワーク

教科書　⑦ 97ページ　　答え　20ページ

きほん❶　もんだい作りが できますか。

☆ 赤い 色紙が 13まい、青い 色紙が 19まい、ぜんぶで 32まいの 色紙が あります。

▶この 数を つかって、ぜんぶの まい数を きく もんだいを 作りましょう。

□に 数を、( )に ことばを 書きましょう。

赤い 色紙が □ まい、青い 色紙が □ まい あります。

色紙は、( )

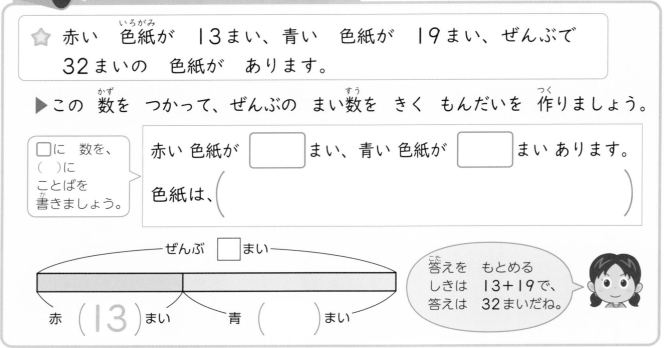

ぜんぶ □ まい

赤 (13)まい　　青 ( )まい

答えを もとめる しきは 13+19で、答えは 32まいだね。

❶ 上の **きほん❶**で、赤い 色紙の まい数を きく もんだいを 作りましょう。

教科書 97ページ❸▶

赤い 色紙と 青い 色紙が、ぜんぶで □ まい あります。青い 色紙は □ まいです。

( )

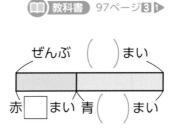

ぜんぶ ( )まい

赤 □ まい 青 ( )まい

❷ 下の 図を 見て、もんだいを 作りましょう。

教科書 97ページ▶

❶
ぜんぶ 14こ

あげた □ こ　　のこり 8こ

あめ みかん おはじき ビー玉 など、すきな もので もんだいを 作ろう。

( )

❷

ぜんぶ 19本

はじめ 10本 もらった □ 本

( )

おうちのかたへ　文章の場面やテープ図から、問題を作る学習をします。3つの数(わかっている2つの数と求める数)の関係を正しくつかむことが大切です。問題を作ったら、式と答えも確認しましょう。

まとめのテスト

とく点

/100点

おわったら
シールを
はろう

教科書 下 92〜97ページ　答え 20ページ

1 よく出る クッキーが 18まい ありました。
あとから 何まいか 作ったので、クッキーは ぜんぶで
43まいに なりました。あとから 作った クッキーは、
何まいですか。

1つ9〔54点〕

❶ つぎの 図の （ ）に あてはまる 数や □を 書きましょう。

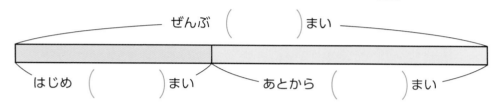

ぜんぶ （　　　）まい

はじめ （　　　）まい　　あとから （　　　）まい

❷ ぜんぶの まい数を もとめる
しきを 書きましょう。

□を つかった
しきを 書こう。　（　　　　　　　　　　　　　）

❸ 答えを もとめる しきを 書いて、答えを もとめましょう。

しき　　　　　　　　　　　　　　　答え（　　　　　　　）

2 バスに おきゃくが 何人か のっていました。バスていで 6人
おりたので、のこりの おきゃくは 24人に なりました。
　はじめに のっていた おきゃくは、何人でしたか。　❶❷1つ8、❸1つ7〔46点〕

❶ つぎの 図の （ ）に あてはまる 数や □を 書きましょう。

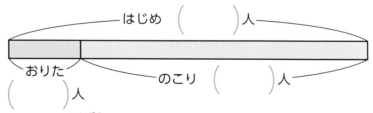

はじめ （　　　）人

おりた　　　のこり （　　　）人
（　　　）人

❷ のこりの 人数を もとめる
しきを 書きましょう。

□を つかった
しきを 書こう。　（　　　　　　　　　　　　　）

❸ 答えを もとめる しきを 書いて、答えを もとめましょう。

しき　　　　　　　　　　　　　　　答え（　　　　　　　）

 チェック ✓　□ ばめんを 図に あらわすことが できたかな？
　　　　　　　　　　□ 図を 見て、しきや 答えを 書くことが できたかな？

95

もくひょう

しりょうの せいりの しかたや まとめ方を 学ぼう。

おわったら シールを はろう

せいりの しかたや まとめ方を 考えよう

きほんのワーク

教科書 Ⓣ 98〜100ページ　答え 20ページ

きほん 1　せいりして ひょうや グラフに あらわせますか。

☆ 2年生の 1組と 2組で、すきな きゅう食を しらべました。

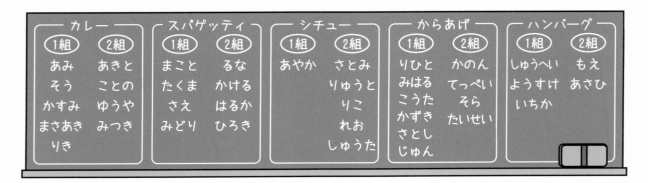

カレー		スパゲッティ		シチュー		からあげ		ハンバーグ	
①組	②組	①組	②組	①組	②組	①組	②組	①組	②組
あみ	あきと	まこと	るな	あやか	さとみ	りひと	かのん	しゅうへい	もえ
そう	ことの	たくま	かける		りゅうと	みはる	てっぺい	ようすけ	あさひ
かすみ	ゆうや	さえ	はるか		りこ	こうた	そら	いちか	
まさあき	みつき	みどり	ひろき		れお	かずき	たいせい		
りき					しゅうた	さとし			
						じゅん			

それぞれの 人数を、右の ひょうに 書きましょう。

すきな きゅう食

しゅるい	カレー	スパゲッティ	シチュー	からあげ	ハンバーグ
人数（人）	9				

---

1 上の ひょうを 見て 答えましょう。

📖 教科書 98ページ 1

❶ すきな 人が いちばん 多かったのは どれですか。
また、その 人数は 何人ですか。

▶いちばん 多かった しゅるい

（　　　　　　　　）

▶人数

（　　　　　）

すきな きゅう食

（グラフ）

❷ それぞれの 人数を、○を つかって、人数が 多い じゅんに 左から グラフに あらわしましょう。

96

おうちのかたへ　組や学年ごとに調べた資料を整理して表やグラフにまとめる学習をします。発展内容の複合したグラフ（P.97 2）も扱っています。グラフからわかることを話し合ってみましょう。

まとめのテスト

1 よく出る　１年生と ２年生に、すきな あそびを 聞きました。　1つ20〔40点〕

―ボールけり―		―ドッジボール―		―おにごっこ―		―かくれんぼ―		―おおなわとび―	
①年	②年	①年	②年	①年	②年	①年	②年	①年	②年
ゆうじ	むさし	ひなた	りお	まさひろ	ともき	りりこ	ゆいな	そうすけ	えま
	あやめ	ようへい	ふみや	かえで	みさと	たつき		ともみ	
	ひろのり	かな	まなみ	りおん	はるた	あいら			
			さくと						

❶ それぞれの 人数を、下の ひょうに 書きましょう。

すきな あそび

しゅるい	ボールけり	ドッジボール	おにごっこ	かくれんぼ	おおなわとび
人数（人）					

❷ それぞれの 人数を、○を つかって、人数が 多い じゅんに 左から グラフに あらわしましょう。

すきな あそび

ドッジボール	おにごっこ	ボールけり	かくれんぼ	おおなわとび

2 **1**で しらべた すきな あそびを さらに、１年、２年で 分けました。　1つ20〔60点〕

すきな あそび（１年）

しゅるい	ボールけり	ドッジボール	おにごっこ	かくれんぼ	おおなわとび
人数（人）	1	3	3	3	2

すきな あそび（２年）

しゅるい	ボールけり	ドッジボール	おにごっこ	かくれんぼ	おおなわとび
人数（人）	3	4	3	1	1

❶ それぞれの 人数を、１年と ２年に 分けて、グラフに まとめましょう。

すきな あそび

１年	２年	１年	２年	１年	２年	１年	２年	１年	２年
ボールけり		ドッジボール		おにごっこ		かくれんぼ		おおなわとび	

❷ １年と ２年で、人数が 同じだったのは どれですか。また、その 人数は、合わせて 何人でしたか。

（　　　　　　　）（　　　　　人）

チェック ✓
□ ひょうに あらわすことが できたかな？
□ グラフに あらわすことが できたかな？

97

べんきょうした 日▶ 　月　　日

もくひょう
はこの 形の
とくちょうを 知ろう。

おわったら
シールを
はろう

どんな 形で できているか しらべよう

きほんのワーク

教科書 下 101〜106ページ　　答え 21ページ

きほん 1 ╏ はこの 面の 形や 数が わかりますか。

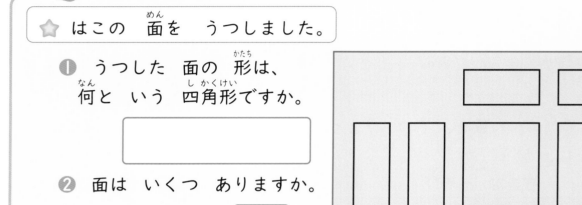

☆ はこの 面を うつしました。

❶ うつした 面の 形は、何と いう 四角形ですか。

❷ 面は いくつ ありますか。

〔　　〕つ

❸ 同じ 形の 面は、いくつずつ ありますか。

むかい合う 面の 形は 同じ。　→　〔　　〕つずつ

面　面　面　面　こんな 形の はこだよ。
はこの 形で、たいらな ところを 面と いうよ。

1 さいころの 形の はこの 面を うつしました。　教科書 102ページ1

① うつした 面の 形は、何と いう 四角形ですか。（　　　　　　　　　）

② 面は いくつ ありますか。（　　　　　　　　　）

2 下の 図を 組み立てると、⑦〜⑨の どの はこが できますか。

教科書 104ページ2 105ページ3

⑦　　　　⑦　　　　⑦

（　　　　　　　　　）

さんすうはかせ　はこの 形を 切って ひらくと、6つの 長方形や 正方形が くっついた 形に なるよ。さいころの 形を 切って ひらくと、6つの 正方形が くっついた 形に なるんだ。

☆ ひごと ねん土玉で 右のような はこの 形を 作_{つく}ります。

10cm
7cm
12cm

① 何cmの ひごが 何本 いりますか。

●7cm… ☐ 本　●10cm… ☐ 本　●12cm… ☐ 本

② ねん土玉は ☐ こ いります。

たいせつ

はこの 形で、上の 図の ひごの ところを **へん**と いいます。
また、ねん土玉の ところを **ちょう点_{てん}**と いいます。

はこの 形には、へんが 12、

ちょう点は 8 つ あります。

ちょう点
へん

---

3 ひごと ねん土玉で 右のような はこの 形を 作ります。　📖 **教科書** 106ページ**4**

8cm
6cm
15cm

① 何cmの ひごが 何本 いりますか。

● ☐ cm… ☐ 本　● ☐ cm… ☐ 本　● ☐ cm… ☐ 本

② ねん土玉は 何こ いりますか。

(　　　　　　　)

---

4 右の 形を ひごと ねん土玉で 作ります。　📖 **教科書** 106ページ▶

① 何cmの ひごが 何本 いりますか。また、ひごの 長_{なが}さを 合わせると、ぜんぶで 何cmに なりますか。

6cm
6cm
6cm

●何cmが
何本
(　　　　　　　)

●ぜんぶで
何cm
(　　　　　　　)

② ねん土玉は 何こ いりますか。

(　　　　　　　)

おうちのかたへ 立体図形の基礎として、箱の形を学習します。高学年での立体図形の学習へスムーズに入れるように、面の形や数、辺や頂点の数などをしっかりおさえておきましょう。

れんしゅうのワーク

教科書　下 101〜109ページ　　答え　21ページ

できた 数

／5もん 中

おわったら
シールを
はろう

1 へんや ちょう点の 数　右の はこの 形を

へんを ひご、ちょう点を ねん土玉で 作ります。

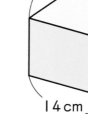

14cm
14cm
8cm

❶ ねん土玉は 何こ いりますか。

（　　　　　　）

❷ 14cmの ひごは 何本 いりますか。

（　　　　　　）

❸ 8cmの ひごは 何本 いりますか。

（　　　　　　）

2 はこの 形を ひらいた 図

はこを 作ろうと 思います。
右の 図に ひつような
面を かきたしましょう。

組み立てたときに
むかい合う 面は、
どこと どこか
考えよう。

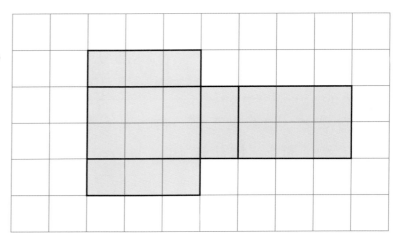

3 面の 形や 数　あつ紙で、右のような はこを 作ります。

下の 図の どの 四角形が いくつずつ いりますか。

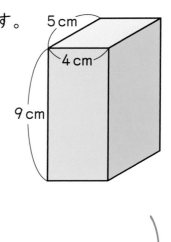

5cm
4cm
9cm

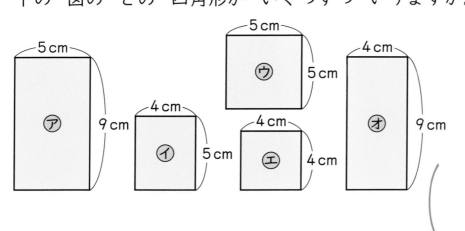

5cm
㋐
9cm

4cm
㋑
5cm

5cm
㋒
5cm

4cm
㋓
4cm

4cm
㋔
9cm

（　　　　　　　　）

できる ナビ　はこの 形の 面の 数は 6つ、へんの 数は 12、ちょう点の 数は 8つだね。
❸の はこの 面の 形は、どんな 四角形かな。

まとめのテスト

時間 **20**分

とく点 ／100点

おわったら シールを はろう

教科書 下 101〜109ページ　答え 22ページ

1 よく出る ⑦、⑦の はこの 形に ついて、□に あてはまる 数や ことばを 書きましょう。

1つ5〔40点〕

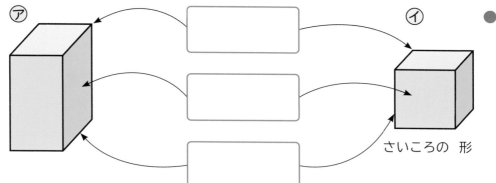

さいころの 形

● はこの 形には、

面が □ つ、

へんが □、

ちょう点が □ つ

あります。

● ⑦の 面の 形は [　　　]、⑦の 面の 形は [　　　] です。

2 下の 図を 組み立てると、⑦〜⑦の どの はこが できますか。　〔20点〕

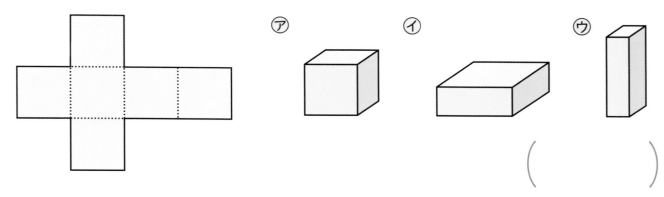

⑦　⑦　⑦

（　　　）

3 右の はこの 形を へんを ひご、ちょう点を ねん土玉で 作ります。

1つ8〔40点〕

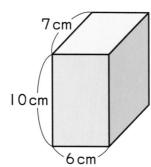

7cm
10cm
6cm

① 何cmの ひごが 何本 いりますか。

□に あてはまる 数を 書きましょう。

 ● 6cm……□本　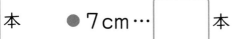 ● 7cm…□本

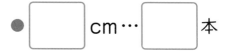 ● □cm…□本

② ねん土玉は 何こ いりますか。

（　　　）

チェック ✓ □ はこの 形の 面や へん、ちょう点の 数が わかったかな？
□ ひらいた 図を 組み立てたときの はこの 形が わかったかな？

101

まとめのテスト❶

時間 20分

とく点　/100点

おわったら シールを はろう

教科書 ⓣ 110〜111ページ　答え 22ページ

1 ①、④、⑥、⑧の 4まいの カードを ならべて、つぎの 数を 作りましょう。

1つ9〔18点〕

❶ いちばん 大きい 数　　❷ いちばん 小さい 数

(　　　)　　(　　　)

2 1、2、3、4、5、6、7の 数を 1つずつ つかって、まるの 中の 4つの 数の 合計が、同じに なるように □に 数を 入れましょう。

1つ4〔28点〕

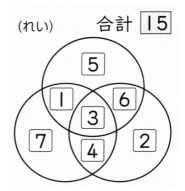 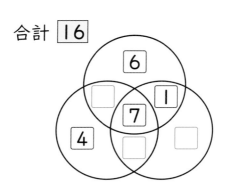 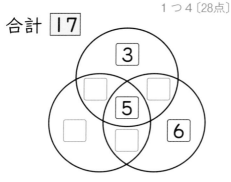

3 つぎの □に あてはまる 数を 書きましょう。

1つ3〔30点〕

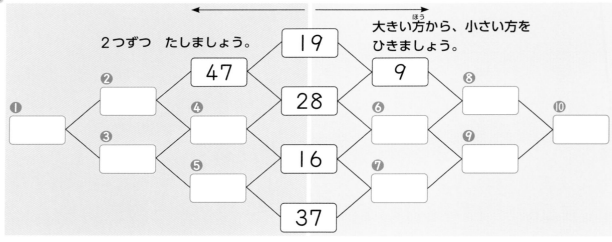

4 かけ算九九を 4つ 書き、答えの 数字が ぜんぶ ちがうように します。

□に あてはまる 数を 書きましょう。

1つ4〔24点〕

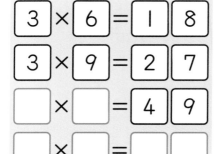

□2けたの たし算と ひき算が できたかな？
□かけ算九九を きちんと おぼえているかな？

まとめのテスト❷

教科書 下 112〜113ページ　答え 22ページ

時間 20分

とく点 /100点

おわったら シールを はろう

1 点線の 上に 線を 引いて 四角形に 分けます。数字は ますの 数です。れいのように、ますを 線で く切りましょう。 〔10点〕

（れい）

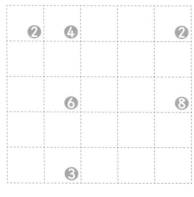

④と 書いてある ますは、1×4、2×2、4×1の どれかの 形に なります。

2 点を 直線で つないで、三角形と 四角形を 1つずつ かきましょう。

① 三角形　　② 四角形　　1つ10〔20点〕

3 つぎの 直線の 長さを はかりましょう。 1つ6〔30点〕

①

②

① ☐ cm ☐ mm ＝ ☐ mm　② ☐ cm ＝ ☐ mm

4 入れものに 入っている 水の かさを はかりました。何L何dLですか。また、何dLですか。 1つ10〔40点〕

①
 →

●何L何dL
（　　　　　　　　）
●何dL
（　　　　　　　　）

②
 →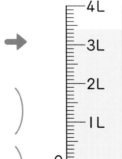

●何L何dL
（　　　　　　　　）
●何dL
（　　　　　　　　）

チェック
☐ 三角形と 四角形が かけたかな？
☐ 長さや かさを、たんいを つかって あらわせたかな？

ふろくの 「計算れんしゅうノート」28〜29ページを やろう！

103

学びのワーク

「ひとふでがき」の
ほうほうを 考えよう

おわったら
シールを
はろう

教科書 ⊤ 114〜115ページ　答え 22ページ

きほん 1　すすみ方を せつめいできますか。

☆ 右の 形を、ひとふでがきします。
イの点から 出ぱつするときの すすみ方を
ア、イ、ウ、エ、オを つかって
せつめいしましょう。

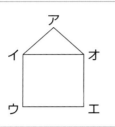

★ひとふでがきの きまり★
・えんぴつなどの 先を、紙から はなさないようにして、
　線で 図を かく。
・同じ 点は 何回 通っても よい。
・1回 かいた 線の 上を 通っては いけない。

すすみ方は 1つだけでは ないよ。
答えを 書いたら、上の 形を その通りに
なぞって たしかめてみよう。

答え イ → ［ ア ］ → ［ オ ］ → ［ エ ］ → ［ ウ ］ → ［ イ ］ → オ

1 つぎの 図のような 形も ひとふでがきが できます。
すすみ方を せつめいしてみましょう。

📖教科書 114〜115ページ

❶
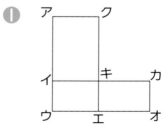

❷
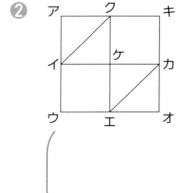

(　　　　　　　　　　　　　)　　(　　　　　　　　　　　　　)

おうちのかたへ　一筆書きの進め方について、ア、イ、ウなどの文字を使って説明します。
一筆書きができる形には他にどんなものがあるか、かいてみてもよいでしょう。

実力はんていテスト 夏休みのテスト①

1 くだものの 数を ひょうや グラフに あらわしましょう。 1つ5〔10点〕

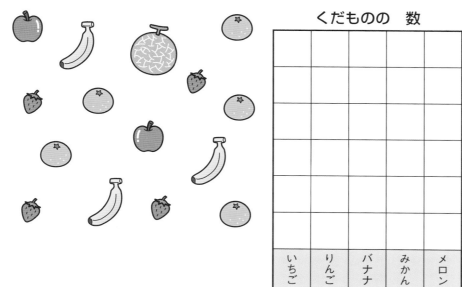

くだものの 数

くだもの	いちご	りんご	バナナ	みかん	メロン
数（こ）					

2 左の 時こくから、右の 時こくまでの 時間を もとめましょう。 1つ5〔10点〕

❶

午前　　午前　　（　　　　）

❷

午後　　午後　　（　　　　）

3 左の はしから ア、イまでの 長さは、何cm何mm ですか。 1つ5〔10点〕

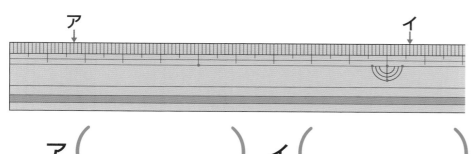

ア（　　　　）　イ（　　　　）

4 □に あてはまる 数を 書きましょう。 □1つ5〔20点〕

❶
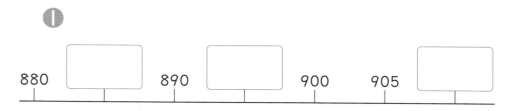
880　　　890　　　900　　905

❷ 540 は、10 を □ こ あつめた 数。

5 くふうして 計算します。
□に あてはまる 数を 書きましょう。〔10点〕

9＋27＋3

➡　9＋（27＋□）

➡　9＋□＝□

6 ひっ算で しましょう。 1つ5〔20点〕

❶
```
  4 2
+   9
―――
```

❷
```
  6 7
+ 7 5
―――
```

❸
```
  5 2
- 2 4
―――
```

❹
```
1 0 5
-   3 6
―――
```

7 黄色い 花が 25本、白い 花が 28本 さいています。花は、ぜんぶで 何本 さいていますか。 1つ5〔20点〕

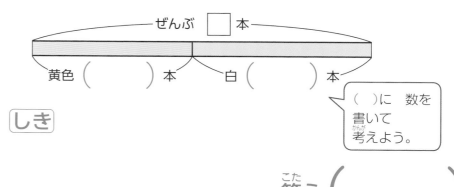
ぜんぶ □本
黄色（　　　）本　　白（　　　）本

（　）に 数を 書いて 考えよう。

しき

答え（　　　　）

実力はんてい テスト

夏休みのテスト②

時間 30分

●べんきょうした 日　　月　　日

名前　　　　　とく点

/100点

おわったら シールを はろう

教科書　⊕12～121ページ　答え　23ページ

1 クラスで すきな 花を しらべて、右の グラフに あらわしました。　1つ5〔10点〕

すきな 花

		○			
○		○	○		
○		○	○	○	
○	○	○	○	○	
○	○	○	○	○	○
チューリップ	ばら	ひまわり	カーネーション	アサガオ	すずらん

❶ 人数が いちばん 多い 花は どれですか。

（　　　　　　　）

❷ カーネーションと すずらんの 人数の ちがいは 何人ですか。

（　　　　　　　）

2 つぎの 時こくを、午前、午後を つかって 書きましょう。　1つ5〔10点〕

❶

（　　　　　　　）

❷

（　　　　　　　）

3 長さの 計算を しましょう。　1つ5〔15点〕

❶ 11cm＋37cm

（　　　　　　　）

❷ 2cm7mm＋9cm4mm

（　　　　　　　）

❸ 12cm5mm－6cm9mm

（　　　　　　　）

4 □に あてはまる 数を 書きましょう。　1つ5〔10点〕

❶ 8cm＝□mm

❷ 49mm＝□cm□mm

5 □に あてはまる 数を 書きましょう。　1つ5〔15点〕

❶ 581は、100を □こ、10を □こ、1を □こ 合わせた 数です。

❷ 10を 27こ あつめた 数は □。

❸ 80＋50＝□

6 ひっ算で しましょう。　1つ5〔20点〕

❶
```
   3 5
＋  6 9
───────
```

❷
```
   2 4 6
＋    3 7
─────────
```

❸
```
   6 3
－  5 4
───────
```

❹
```
   1 4 2
－    6 8
─────────
```

7 ひなさんは シールを 29まい、お姉さんは 40まい もっています。ちがいは 何まいですか。　1つ5〔20点〕

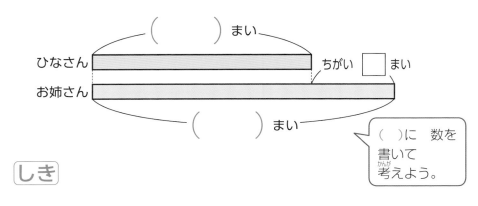

ひなさん
お姉さん
（　　　）まい
ちがい □まい
（　　　）まい

（　）に 数を 書いて 考えよう。

しき

答え（　　　　　　　）

実力はんていテスト 冬休みのテスト②

1 □に あてはまる 数を 書きましょう。

1つ6〔18点〕

❶ 1L3dL は、1dL の □ こ分の かさです。

❷ 1dL = □ mL

❸ 2L5dL+4L = □ L □ dL

2 9cm の 3こ分の 長さに ついて 答えましょう。

1つ6〔12点〕

❶ この 長さは 9cm の 何ばいですか。

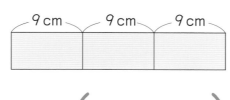

（　　　　）

❷ 9cm の 3こ分の 長さは 何cm ですか。

（　　　　）

3 ●の 数を くふうして もとめましょう。

1つ6〔24点〕

❶

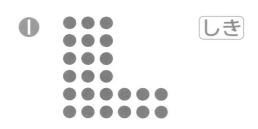

しき

答え（　　　　こ）

❷

しき

答え（　　　　こ）

4 つぎの 三角形や 四角形の 名前を 書きましょう。

1つ6〔24点〕

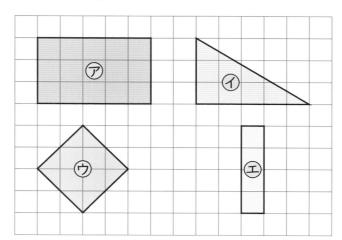

㋐（　　　　　　　）　㋑（　　　　　　　）

㋒（　　　　　　　）　㋓（　　　　　　　）

5 色の ついた ところは、もとの 大きさの 何分の一ですか。

1つ6〔12点〕

❶

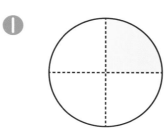

（　　　　）

❷

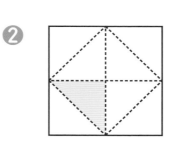

（　　　　）

6 かけ算を しましょう。

1つ5〔10点〕

❶ 5×10

（　　　　）

❷ 11×7

（　　　　）

実力はんていテスト

冬休みのテスト①

時間 30分

名前　　　　　　　　　　とく点

/100点

おわったらシールをはろう

教科書 ㊤ 122〜149ページ、㊦ 2〜59ページ　答え 23ページ

1 かけ算の しきで 書きましょう。

1つ5〔15点〕

❶  の 3さら分
2こ

しき（　　　　　　　）

❷ の 5ふくろ分
4こ

しき（　　　　　　　）

❸ の 7はこ分
5こ

しき（　　　　　　　）

2 つぎの 大きさだけ 色を ぬりましょう。

1つ5〔10点〕

❶ $\frac{1}{2}$

❷ $\frac{1}{4}$

3 水の かさは 何L 何dL ですか。1つ5〔10点〕

❶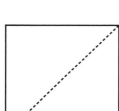

（　　　　　　　）

❷

（　　　　　　　）

4 □に あてはまる 数を 書きましょう。

1つ5〔10点〕

❶ 三角形には、へんが □本 あります。

❷ 四角形には、ちょう点が □こ あります。

5 □に あてはまる 数を 書きましょう。

1つ5〔15点〕

❶ 7のだんでは、かける数が 1ふえると、答えは □ふえます。

❷ 3×6＝3×5＋□

❸ □×5＝5×8

6 かけ算を しましょう。　1つ5〔20点〕

❶ 2×7　　❷ 9×5

（　　　　　）（　　　　　）

❸ 8×4　　❹ 6×9

（　　　　　）（　　　　　）

7 えんぴつを 1人に 7本ずつ くばります。6人に くばるには、ぜんぶで 何本 いりますか。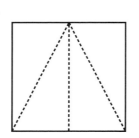

1つ10〔20点〕

しき

答え（　　　　　　　）

●べんきょうした 日　　　月　　　日

時間 30分

名前　　　　　　　　　とく点

おわったら
シールを
はろう

/100点

実力 はんてい テスト

学年末のテスト ①

教科書　⊕ 12〜149ページ、下 2〜118ページ　答え 24ページ

1 いくつですか。数字で 書きましょう。

1つ4〔8点〕

❶
1000	1000	1000				10			1	1	
1000	1000	1000	100			10			1	1	1
1000	1000	1000	100		10	10			1	1	1

（　　　　　）

❷ 100を 60こ あつめた 数。

（　　　　　）

2 右の 時計の 時こくは、
午前8時15分です。
つぎの 時こくを
もとめましょう。 1つ5〔10点〕

❶ 30分後

（　　　　　）

❷ 15分前

（　　　　　）

3 色の ついた ところは、もとの
大きさの 何分の一ですか。 1つ5〔10点〕

❶

（　　　　　）

❷

（　　　　　）

4 右の 形を ひごと
ねん土玉で 作ります。
何cmの ひごが 何本
いりますか。また、
ねん土玉は 何こ いりますか。 1つ4〔8点〕

7cm
7cm
7cm

（＿＿＿ cmの ひごが ＿＿＿ 本）（　　　 こ）

5 □に あてはまる 数を 書きましょう。

1つ4〔24点〕

❶ 1m=□cm

❷ 56mm=□cm□mm

❸ 3cm7mm=□mm

❹ 480cm=□m□cm

❺ 1L=□mL　❻ 1L=□dL

6 かけ算を しましょう。 1つ4〔24点〕

❶ 5×5 （　　　）　❷ 6×8 （　　　）

❸ 4×7 （　　　）　❹ 1×6 （　　　）

❺ 9×3 （　　　）　❻ 2×9 （　　　）

7 あめが 18こ ありました。何こか
もらったので、あめは ぜんぶで 24こに
なりました。もらった あめは 何こですか。

1つ4〔16点〕

（　）に 数を
書いて 考えよう。

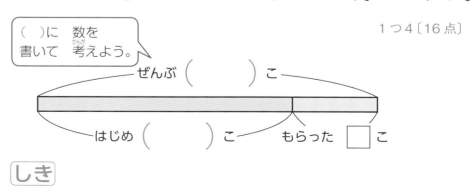
ぜんぶ（　　　）こ
はじめ（　　　）こ　もらった □こ

しき

答え（　　　　　）

●べんきょうした日　　月　　日

実力はんていテスト

学年末のテスト②

時間 30分

名前　　　　　　　　　とく点

/100点

おわったらシールをはろう

教科書 ㊤ 12〜149ページ、㊦ 2〜118ページ　答え 24ページ

1 □に あてはまる ＞、＜、＝を 書きましょう。 1つ4〔28点〕

❶ 9×5 □ 8×6　　❷ 3×4 □ 6×2

❸ 5342 □ 5287

❹ 6cm4mm □ 64mm

❺ 791cm □ 8m

❻ 230dL □ 2L3dL

❼ 1L □ 900mL

2 □に あてはまる 数を 書きましょう。 1つ5〔15点〕

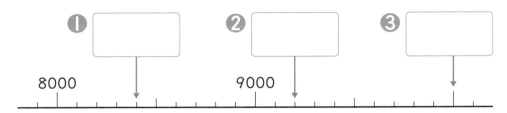

❶ □　　❷ □　　❸ □

8000　　　9000

3 つぎの 図のような はこの 形に ついて 答えましょう。 1つ5〔15点〕

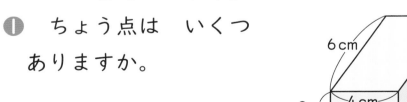

6cm　4cm　2cm

❶ ちょう点は いくつ ありますか。

（　　　　　）

❷ 6cmの へんは いくつ ありますか。

（　　　　　）

❸ たて 2cm、よこ 4cmの 長方形の 面は、いくつ ありますか。

（　　　　　）

4 （　）に あてはまる たんいを 書きましょう。 1つ4〔16点〕

❶ ペットボトルに 入った 水の かさ

500（　　　）

❷ 校しゃの 高さ

12（　　　）

❸ やかんに 入った 水の かさ

15（　　　）

❹ つくえの 高さ

60（　　　）

5 ひっ算で しましょう。 1つ5〔20点〕

❶ 4＋63　　　❷ 58＋75

❸ 70−28　　　❹ 105−47

6 学校に ついてから 学校を 出るまでの 時間は 何時間ですか。 〔6点〕

学校に ついた 時こく　　　　学校を 出た 時こく

午前8時　　　　　　　　　午後4時

（　　　　　）

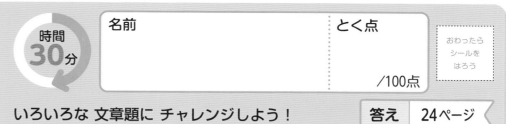

●べんきょうした 日　　月　　日

名前　　　　　　　　　とく点

おわったら
シールを
はろう

/100点

まるごと 文章題テスト①

実力はんていテスト

時間 30分

いろいろな 文章題に チャレンジしよう！　　答え 24ページ

1 ひもを 何mか 買いました。そのうち 13m つかいました。まだ、7m のこっています。買った ひもは、何mですか。

1つ6〔24点〕

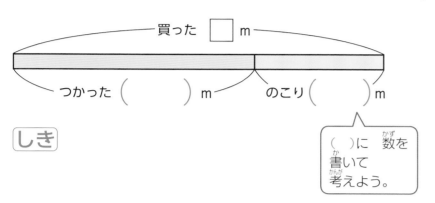

買った □ m

つかった（　　　）m　　のこり（　　　）m

（　）に 数を 書いて 考えよう。

しき

答え（　　　　　　　）

2 赤い 色紙が 54まい、青い 色紙が 47まい あります。どちらが 何まい 多いですか。

1つ6〔12点〕

しき

答え（　　　　　　　）

3 ゆうきさんは、カードを 50まい もっています。お兄さんから 18まい もらうと、ぜんぶで 何まいに なりますか。

1つ6〔12点〕

しき

答え（　　　　　　　）

4 アルミかんと スチールかんを 合わせて 120こ あつめました。そのうち アルミかんは 26こでした。スチールかんは 何こ ありますか。

1つ6〔12点〕

しき

答え（　　　　　　　）

5 えんぴつが 68本、ボールペンが 42本 あります。ぜんぶで 何本 ありますか。

1つ6〔12点〕

しき

答え（　　　　　　　）

6 校ていで、1年生が 18人、2年生が 7人 あそんでいます。あとから 2年生が 3人 きました。校ていには、みんなで 何人 いますか。

1つ7〔14点〕

しき

答え（　　　　　　　）

7 子どもが 6人 います。1人に ノートを 5さつずつ くばります。ノートは 何さつ いりますか。

1つ7〔14点〕

しき

答え（　　　　　　　）

時間 30分

名前　　　　　　　　とく点

おわったら
シールを
はろう

/100点

文章題テスト②

いろいろな 文章題に チャレンジしよう！　答え 24ページ

1 みかんが 24こ ありました。何こか 食べると のこりが 15こに なりました。食べた みかんは 何こですか。　1つ6〔24点〕

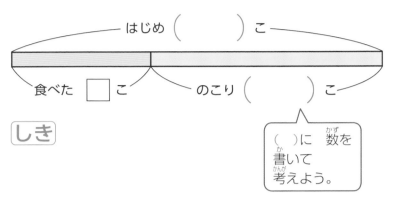

はじめ（　　　）こ

食べた □こ　　のこり（　　　）こ

（　）に 数を 書いて 考えよう。

しき

答え（　　　　　）

2 公園に おとなが 26人、子どもが 67人 います。合わせて 何人 いますか。

しき　　　　　　　　　　1つ6〔12点〕

答え（　　　　　）

3 長いすが 5つ あります。1つに 7人ずつ すわります。みんなで 何人 すわれますか。　1つ6〔12点〕

しき

答え（　　　　　）

4 色紙を 47まい もっています。お母さんから 75まい もらうと、色紙は ぜんぶで 何まいに なりますか。　1つ6〔12点〕

しき

答え（　　　　　）

5 ゆうとさんは、96ページの 本を 読んでいます。今日までに 47ページ 読みました。のこりは 何ページですか。　1つ6〔12点〕

しき

答え（　　　　　）

6 みおさんは、135円の ノートと 48円の えんぴつを 買います。だい金は いくらですか。

135円　48円

1つ7〔14点〕

しき

答え（　　　　　）

7 マンガが 12さつ、図かんが 6さつ、絵本が 14さつ あります。ぜんぶで 何さつ ありますか。　1つ7〔14点〕

しき

答え（　　　　　）

答えとてびき

「答えとてびき」は、とりはずすことができます。

学校図書版

算数 **2** 年

使い方
まちがえた問題は、もういちどよく読んで、なぜまちがえたのかを考えましょう。正しい答えを知るだけでなく、なぜそうなるかを考えることが大切です。

---

① せいりの しかたや あらわし方を 考えよう

2·3ページ きほんのワーク

きほん1 ①

くだものしらべ

くだもの	りんご	メロン	いちご	バナナ	オレンジ	ぶどう
人数(人)	3	5	6	4	2	1

❷ くだものしらべ

（グラフ：りんご3、メロン5、いちご6、バナナ4、オレンジ2、ぶどう1）

❸ くだもの
…いちご
人数…6人

① ①

くだものしらべ

（グラフ：いちご、メロン、バナナ、りんご、オレンジ、ぶどう）

❷ 3ばん目に 多くて、4人
❸ 3人
❹ （上の 文から じゅんに）
　・ひょう
　・グラフ

❷ ①

くだものしらべ

買いたい場しょ	スーパーマーケット	やおや	デパート	のう園の直売じょ
人数(人)	8	7	2	4

❷ くだものしらべ

（グラフ：スーパーマーケット、やおや、デパート、のう園の直売じょ）

❸ 場しょ
　…スーパーマーケット
　人数…8人
❹ 5人

てびき

きほん1 ① カードは、上側に果物を買いたい場所、下側に果物の種類が書かれています。ここでは、下側に注目して、印をつけながら、それぞれの果物を選んだ人数を数え、表に書きます。印をつけながら数えることで、数え漏れや重複して数えてしまうなどのミスを防ぎましょう。

❷ ○は下から順にかくことを確認しましょう。

❸ 人数がいちばん多い果物は、グラフで○の高さを見ると、一目で分かります。

① グラフの左から数の多い順に並べると、グラフが見やすくなることを理解しましょう。

❹・表は数字で書かれているので、人数が分かりやすいのは表に表すほうです。
・グラフは○の高さの違いを読み取ることができるので、人数の違い（多い少ない）が分かりやすいのはグラフに表すほうです。

❷ 今度は買いたい場所について調べるので、表やグラフのまとめ方が変わります。

❹ 表から 7－2＝5 と計算できます。グラフから人数（○の数）の違いを数えて求めてもよいです。

❶ ❶

花	チューリップ	バラ	なの花	ひまわり	あさがお	ゆり
人数(人)	5	4	3	6	3	2

そだてたい 花

❷
そだてたい 花

			○		
○			○		
○	○		○		
○	○	○	○		
○	○	○	○	○	
○	○	○	○	○	○
チューリップ	バラ	なの花	ひまわり	あさがお	ゆり

❸ 花…ひまわり
　人数…6人
❹ チューリップ
❺ バラを　えらんだ
　人が　2人　多い。

❶ ❶
4月の　天気

天気	晴れ	くもり	雨	雪
日数(日)	12	8	7	3

❷
4月の　天気

○			
○			
○			
○			
○	○		
○	○	○	
○	○	○	
○	○	○	
○	○	○	○
○	○	○	○
○	○	○	○
○	○	○	○
晴れ	くもり	雨	雪

❸ 晴れ
❹ 1日
❺ 晴れが
　9日　多い。
❻ (上の　文から
　じゅんに)
　・ひょう
　・グラフ

② 時こくや 時間を 読みとろう

きほん1 ❶ ⑦3時 ⑦3時10分 ⑨4時
　❷ 10分間
　❸ 1時間
❶ ❶ 20分間 ❷ 15分間

きほん2 ❶ 午前6時40分
　❷ 午後2時55分
　❸ 12時間、12時間、
　　1日=24時間
❷ ❶ 午前8時 ❷ 午後7時48分
❸ 11時間

きほん1 ❷ ⑦から⑦までに 長い針が 10
目盛り進んでいるから「10分間」であることを
おさえましょう。
❶❶、❷ともに、数の線の1目盛りは1分間を
表しています。時計で長い針が動いた時間を5、
10、15、…（分)などと数えたり、数の線から
読み取ったりして、かかった時間を求めます。
❸ 時計の長い針が何回まわるかを考えます。長
い針が1まわり=1時間です。数の線を使って
考えても分かりやすいです。午前0時(午後12
時)をまたぐことに注意しましょう。

❶ ❶ 1時間 ❷ 30分間 ❸ 15分間
❷ ❶ ❸

❶ ❶ 1時間=60分間 ❷ 1日=24時間
　❸ 2回 ❹ 正午
❷ ❶ 10時30分 ❷ 10分間
❸ ❶ 午前8時5分 ❷ 午後9時20分
❹ 35分間

③ くふうして 計算の しかたを 考えよう

きほん1 ・13+24
　▶ 10の　まとまりが　3こと、ばらが　7こで、
　　37。　　13+24=37
❶ 10の　まとまりが　3こと、ばらが
　7こで、37。
　13+24=37　　答え 37こ
きほん2 ・27-15
　▶ 27を　20と　7に　分けます。
　　15を　10と　5に　分けます。
　　20-10=10 ┐ 10と　2を
　　7-5=2 ┘ たして　12。
　　27-15=12
❷ 2から　1を　ひいて　1。
　ばらの　7から　5を　ひいて　2。
　十のくらいが　1、一のくらいが　2で、12。
　27-15=12　　答え 12まい

てびき　立式する際は、「ぜんぶの数」を求めるのか、「のこりの数」を求めるのか、場面をよく考えることが大切です。
　次の「筆算」の学習にスムーズに入れるように、2けたのたし算・ひき算は位ごとに計算すればよいことをしっかり理解しましょう。

12ページ　れんしゅうのワーク

❶　① [しき] 25+14
　　② 図の　中…[1][4]
　　　10の　まとまりが　[3]こと、ばらが　[9]こで、
　　　[39]。　　25+14=[39]　　　答え [39]こ

❷　① [しき] 26-12
　　② ▶○の　図 [れい]

　　▶ブロックの　図
　　[れい1]　　　　　[れい2]

　　答え 14こ

13ページ　まとめのテスト

１　① [しき] 16+22
　　② 10の　まとまりが　[3]こと、ばらが　[8]こで、
　　　[38]。　　16+22=[38]　　　答え 38こ

２　① [しき] 28-13
　　② [2]から　1を　ひいて　[1]。
　　　ばらの　8から　[3]を　ひいて　[5]。
　　　十のくらいが　[1]、一のくらいが　[5]で、
　　　[15]。➡ 28-13=[15]　　　答え 15こ

④ たし算の いみや しかたを 知ろう

14・15ページ　きほんのワーク

きほん１

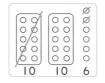

　１ たてに　くらいを　　２ 一のくらいの　　３ 十のくらいの
　　そろえて　書く。　　　計算を　する。　　　計算を　する。
　　　　　　　　　　　　3+5=[8]　　2+1=[3]
　23+15=[38]

❶　① $\dfrac{36}{+21}$ ② $\dfrac{12}{+47}$ ③ $\dfrac{64}{+23}$ ④ $\dfrac{51}{+42}$
　　　 57　　　　 59　　　　 87　　　　 93
　　⑤ $\dfrac{19}{+50}$ ⑥ $\dfrac{26}{+30}$ ⑦ $\dfrac{40}{+38}$ ⑧ $\dfrac{30}{+60}$
　　　 69　　　　 56　　　　 78　　　　 90

きほん２

　１ たてに　くらいを　　２ 一のくらいの　　３ 十のくらいは 3。
　　そろえて　書く。　　　計算を　する。
　　　　　　　　　　　　4+2=[6]
　4+32=[36]

❷　① $\dfrac{3}{+24}$ ② $\dfrac{5}{+63}$ ③ $\dfrac{41}{+7}$ ④ $\dfrac{97}{+2}$
　　　 27　　　　 68　　　　 48　　　　 99

❸ [しき] 6+32=38
　　　　　　　　　　　　　　ひっ算 $\dfrac{6}{+32}$
　答え 38こ　　　　　　　　　　　　 38

てびき　❷の問題では、右のような位をそろえて書いていない誤りが見られます。どこが間違っているのか、その理由をしっかり理解することが大切です。
　　　　　　　　$\dfrac{3}{+24}$　　$\dfrac{41}{+7}$
　　　　　　　　　54　　　 111
　筆算では、まず位をきちんとそろえて書くことを身につけましょう。
　❸ テープ図を見て考えると、立式しやすいです。テープ図はこれから先の学習でたくさん利用しますので、テープ図の見方も確認しておきましょう。

たしかめよう！
　❷ひっ算は　くらいを　そろえて　書き、くらいごとに　計算を　します。1けたと2けたの　たし算の　ひっ算は、書く　くらいをまちがえないように　気を　つけましょう！

16・17ページ　きほんのワーク

きほん１

　１ たてに　くらいを　　２ 一のくらいの　計算　　３ 十のくらいの　計算
　　そろえて　書く。　　　7+5=[12]　　①くり上げたので、
　　一のくらいから　　　　一のくらいは [2]。　3+2+[1]=[6]
　　計算する。　　　　　　十のくらいに　　　　十のくらいは
　　　　　　　　　　　　①くり上げる。　　　　[6]。
　37+25=[62]

3

❶
①
```
  3 6
+ 1 8
  5 4
```
②
```
  2 8
+ 5 4
  8 2
```
③
```
  1 5
+ 7 6
  9 1
```
④
```
  4 9
+ 2 7
  7 6
```
⑤
```
  2 6
+ 3 4
  6 0
```
⑥
```
  6 4
+   9
  7 3
```
⑦
```
    8
+ 7 5
  8 3
```
⑧
```
    3
+ 4 7
  5 0
```

きほん2 ①

たされる数 ……	2 6		1 7
たす数 ……	+ 1 7		+ 2 6
答え ……	4 3		4 3

同じ

② ⑦
```
  3 9
+   6
  4 5
```
```
  4 5
+   4
  4 9
```
④ 6+4=10
```
  3 9
+ 1 0
  4 9
```
同じ

②

32+27	23+34	59+4

34+23	4+59	60+9	27+32

❸
① 39+(12+8)=39+20=59
② 48+(16+24)=48+40=88
③ 14+(57+13)=14+70=84
④ 26+(65+5)=26+70=96

てびき **きほん1** 筆算をするときは、必ず一の位から順に計算するようにしましょう。37+25で、先に十の位を計算してしまうと、十の位をあとで5から6に直さなければならず、計算ミスをしやすくなります。一の位から順に計算することをしっかり身につけましょう。

❶ くり上げた1を小さく書いておくと間違いが防げます。算数のメモは思考の過程を示す、とても大切なものであり、消さずに残しておくのが原則です。テストの場合でも筆算やメモ書きは残しておくようにしましょう。

❷❸ たし算では、たされる数とたす数を入れかえてたしても、たす順序を変えても、答えは同じになること(加法の交換法則・結合法則)をしっかりと理解しましょう。

❷ たし算のきまり(加法の交換法則)を使って、計算しないで答えが同じになる式を見つけます。

❸ たし算のきまりを使ってくふうして計算します。たすと何十になる2つの数を見つけ、( )をつけて先にたすと、計算が簡単になります。

③ 57+14+13
=14+57+13
=14+(57+13)
=14+70=84

④ 65+26+5
=26+65+5
=26+(65+5)
=26+70=96

---

18 ページ **れんしゅうのワーク**

❶ ① 一のくらいは 5。
十のくらいに 1 くり上げる。
② 2+3+1=6
③ 答えは、65。
```
  2 8
+ 3 7
  6 5
```

❷ ①
```
  4 9
+ 3 1
  8 0
```
②
```
    7
+ 2 4
  3 1
```

(くり上げた 1 を 十のくらいで たしていない。)　(くらいを そろえて 計算していない。)

❸ [れい] 20+20=40　13+27=40
35+5=40　1+39=40
など、2つ 正しく 書けていれば よい。

❹ ① [れい1]もらった カードの まい数の 合計
[れい2]お兄さんと お姉さんから もらった カードの 数
② 25まい

てびき **❹①** 答えは、同じ意味のことが書かれていれば正解です。
15+(8+2)は、もらったカードのまい数を先に計算する考え方の式です。
② 15+(8+2)=15+10=25(まい)
( )の中を先に計算しているか、確認しましょう。

---

19 ページ **まとめのテスト**

❶ ①
```
  2 3
+ 4 6
  6 9
```
②
```
  3 2
+ 1 9
  5 1
```
③
```
  4 5
+ 3 5
  8 0
```
④
```
    8
+ 7 8
  8 6
```

❷ ① 92
(くり上げた 1 を 十のくらいで たしていない。)
② 29
(十のくらいの 2 と 一のくらいの 7 を たして しまっている。)

❸ ①
```
  1 3
+ 5 0
  6 3
```
➡
```
  5 0
+ 1 3
  6 3
```
②
```
    9
+ 4 7
  5 6
```
➡
```
  4 7
+   9
  5 6
```

❹ ① 63+(14+6)=63+20=83
② 39+(13+27)=39+40=79

❺ しき 58+36=94
答え 94円
```
  5 8
+ 3 6
  9 4
```

⑤ ひき算の いみや しかたを 知ろう

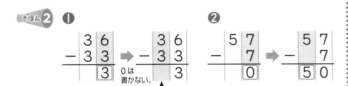

きほん1

$$\begin{array}{r} 39 \\ -13 \\ \hline \end{array} \Rightarrow \begin{array}{r} 39 \\ -13 \\ \hline 6 \end{array} \Rightarrow \begin{array}{r} 39 \\ -13 \\ \hline 26 \end{array}$$

① たてに くらいを そろえて 書く。　② 一のくらいの 計算を する。　③ 十のくらいの 計算を する。

$9-3=\boxed{6}$　　$3-1=\boxed{2}$

$39-13=\boxed{26}$

❶ 一のくらい $\boxed{7}-\boxed{4}=\boxed{3}$
　 十のくらい $\boxed{6}-\boxed{2}=\boxed{4}$
　 $67-24=\boxed{43}$

$$\begin{array}{r} 67 \\ -24 \\ \hline 43 \end{array}$$

❷ ①$\begin{array}{r} 45 \\ -12 \\ \hline 33 \end{array}$ ②$\begin{array}{r} 78 \\ -31 \\ \hline 47 \end{array}$ ③$\begin{array}{r} 86 \\ -54 \\ \hline 32 \end{array}$ ④$\begin{array}{r} 59 \\ -15 \\ \hline 44 \end{array}$

きほん2 ①

$$\begin{array}{r} 36 \\ -33 \\ \hline \end{array} \Rightarrow \begin{array}{r} 36 \\ -33 \\ \hline 3 \end{array}$$

②

$$\begin{array}{r} 57 \\ -7 \\ \hline \end{array} \Rightarrow \begin{array}{r} 57 \\ -7 \\ \hline 0 \end{array} \begin{array}{r} 57 \\ -7 \\ \hline 50 \end{array}$$

0は 書かない。

一のくらいの 計算	十のくらいの 計算	一のくらいの 計算	十のくらいは5
$6-3=\boxed{3}$	$3-3=\boxed{0}$	$7-7=\boxed{0}$	

$36-33=\boxed{3}$　　$57-7=\boxed{50}$

❸ ①$\begin{array}{r} 75 \\ -35 \\ \hline 40 \end{array}$ ②$\begin{array}{r} 89 \\ -84 \\ \hline 5 \end{array}$ ③$\begin{array}{r} 63 \\ -60 \\ \hline 3 \end{array}$ ④$\begin{array}{r} 50 \\ -40 \\ \hline 10 \end{array}$

⑤$\begin{array}{r} 93 \\ -2 \\ \hline 91 \end{array}$ ⑥$\begin{array}{r} 68 \\ -6 \\ \hline 62 \end{array}$ ⑦$\begin{array}{r} 49 \\ -9 \\ \hline 40 \end{array}$ ⑧$\begin{array}{r} 24 \\ -4 \\ \hline 20 \end{array}$

❹ [しき] $38-32=6$

ひっ算 $\begin{array}{r} 38 \\ -32 \\ \hline 6 \end{array}$

答え 6まい

てびき 🔊きほん1 十の位の計算の 3−1＝2 は、30−10＝20 の結果であることを確認しましょう。位ごとの計算と数としての量の関係をしっかり把握することで、93−2のような、けた数の異なる計算のミスを防ぐことができます。

22・23ページ　きほんのワーク

きほん1

$$\begin{array}{r} 46 \\ -18 \\ \hline \end{array} \Rightarrow \begin{array}{r} 3\ 10 \\ \cancel{4}\ 6 \\ -1\ 8 \\ \hline 8 \end{array} \Rightarrow \begin{array}{r} 3\ 10 \\ \cancel{4}\ 6 \\ -1\ 8 \\ \hline 28 \end{array}$$

① たてに くらいを そろえて 書く。
② 一のくらいの 計算　十のくらいから 1くり下げて、$16-8=\boxed{8}$
③ 1くり下げたので、$3-1=\boxed{2}$

一のくらいは $\boxed{8}$。　十のくらいは $\boxed{2}$。

$46-18=\boxed{28}$

---

❶ ①$\begin{array}{r} 74 \\ -19 \\ \hline 55 \end{array}$ ②$\begin{array}{r} 86 \\ -47 \\ \hline 39 \end{array}$ ③$\begin{array}{r} 60 \\ -32 \\ \hline 28 \end{array}$ ④$\begin{array}{r} 43 \\ -38 \\ \hline 5 \end{array}$

⑤$\begin{array}{r} 70 \\ -69 \\ \hline 1 \end{array}$ ⑥$\begin{array}{r} 32 \\ -5 \\ \hline 27 \end{array}$ ⑦$\begin{array}{r} 53 \\ -6 \\ \hline 47 \end{array}$ ⑧$\begin{array}{r} 80 \\ -4 \\ \hline 76 \end{array}$

きほん2

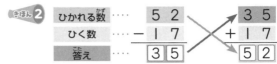

ひかれる数	……	52		35
ひく数	……	−17		＋17
答え	……	35		52

ひく数、 ひかれる数

❷ ① $\begin{array}{r} 83 \\ -65 \\ \hline 18 \end{array}$ [たしかめ] $\begin{array}{r} 18 \\ +65 \\ \hline 83 \end{array}$　② $\begin{array}{r} 42 \\ -8 \\ \hline 34 \end{array}$ [たしかめ] $\begin{array}{r} 34 \\ +8 \\ \hline 42 \end{array}$

❸ [しき] $24-16=8$

答え 8人

[たしかめ] $8+16=24$

てびき 🔊❶ 46−18の問題では、一の位の計算で、6から8はひけないので、十の位からブロックを10こもってきて、16にしてから8をひきます。このくり下がりの考え方をしっかり理解しましょう。十の位の計算のときは、1くり下げたことを忘れずにひくようにします。くり下げたときに、くり下げたあとの数をメモしておくようにしましょう。

❷ たしかめの計算をたし算のたしかめのときと混同し、65−83と書いたり、65＋83と計算する場合が見受けられます。ひき算の答えにひく数をたすとひかれる数になることを確認します。くり返し練習して、しっかり身につけましょう。

24ページ　れんしゅうのワーク

❶ ① $\boxed{1}$くり下げて、$\boxed{13}-7=\boxed{6}$
　② 十のくらいは、$\boxed{5}-2=\boxed{3}$
　③ 答えは、$\boxed{36}$。

$\begin{array}{r} 63 \\ -27 \\ \hline 36 \end{array}$

❷ ①$\begin{array}{r} 79 \\ -56 \\ \hline 23 \end{array}$ ②$\begin{array}{r} 91 \\ -28 \\ \hline 63 \end{array}$ ③$\begin{array}{r} 53 \\ -44 \\ \hline 9 \end{array}$ ④$\begin{array}{r} 35 \\ -7 \\ \hline 28 \end{array}$

❸ ① $40-\boxed{10}=30$　② $70-\boxed{40}=30$

❹ [しき] $52-38=14$

ひっ算 $\begin{array}{r} 52 \\ -38 \\ \hline 14 \end{array}$

答え 14頭

❺ $\begin{array}{r} 4\ \boxed{5} \\ -2\ 9 \\ \hline \boxed{1}\ 6 \end{array}$

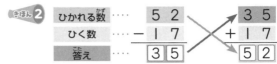

5

4 ぜんぶの数（2つのものを合わせた数）から一方の数をひいて、もう一方の数を求める問題です。

問題文に「合わせて」とあっても、たし算とは限らないことに注意しましょう。

5 虫食い算の問題です。お子さんが十の位からのくり下がりがあることに気づけるか、確認しましょう。

・一の位の計算…十の位から|くり下げて、
　十いくつ（1ｱ　）−9=6
　6+9=15なので、アは5です。
・十の位の計算…一の位へ | くり下げたので、
　4−1−2=| 　イは1です。

5② 長さを比べるときは、単位をそろえて比べます。6cm2mm=62mm、または60mm=6cmと直して比べます。

たしかめよう！

6① 7cmの 長さの 直線を 引くときは、ものさしで 7cm はなれた 2つの 点をうち、まっすぐな 線で つなぎます。

25ページ **まとめのテスト**

1 ① 47−23=24　② 65−62=3　③ 34−16=18　④ 82− 9=73

2 ① 37（十のくらいで、くり下がりをひいていない。）
　② 88（くらいを そろえて 計算していない。）
　③ 35（十のくらいで くり下がりが ないのにひいている。）

3 ① ㋤　② ㋒　③ ㋐

4 ① しき 40−18=22
　　ひっ算 40−18=22
　　答え 22 こ
　② 22+18=40

---

⑥ 長さの くらべ方や あらわし方を 考えよう

26・27ページ **きほんのワーク**

きほん1 6こ分、6cm

1 ㋑

2 ① 2cm　② 8cm

きほん2 1cm=10mm
　㋐7mm　㋑8cm2mm　㋒11cm5mm

3 ① 5cm6mm　② 10cm3mm

4 ① 2cm=20mm　② 5cm7mm=57mm
　③ 90mm=9cm　④ 35mm=3cm5mm

5 ① ㋑　② ㋐

6 しょうりゃく

28ページ **きほんのワーク**

きほん1 ① 3cm7mm+5cm8mm=?cm?mm
　㋐37mm+58mm=95mm
　➡9cm5mm
　㋑
　　cm mm
　　　3 7
　＋ 5 8
　　　9 5

　② 9cm5mm−7cm4mm=2cm1mm

1 ① 6cm　② 9cm2mm　③ 7cm
　④ 3cm6mm

長さの計算では、cm は cm、mm は mm で、同じ単位の数どうしを計算すればよいということをしっかり理解しましょう。実際に計算する際には、同じ単位の数に線を引いたり、印をつけたりして考えると、わかりやすくなり、単位の見間違いなどのミスも防げます。

きほん1 ① ㋐と㋑の2通りの計算のしかたを理解します。どちらでも計算できるようにしておきましょう。**1**①②④のような単位間でのくり上がり、くり下がりのある計算は間違えやすいので、丁寧に計算するようにしましょう。

29ページ **まとめのテスト**

1 ① 4cm5mm
　② 10cm8mm

2 ① 3cm=30mm　② 69mm=6cm9mm
　③ 6cm8mm

3 ① ㋐　② ㋑

4 ① 6mm　② 18cm

5 ① しき 5cm7mm−3cm4mm=2cm3mm
　　答え ㋐が 2cm3mm 長い。
　② しき 5cm7mm+3cm4mm=9cm1mm
　　答え 9cm1mm